"中国科学技术馆实践书系"丛书 / 殷皓主编

馆游天下
全球科技馆里那些事儿

主　编　刘　巍　齐　欣　马宇罡
编　委　贾　硕　莫小丹

科学技术文献出版社
SCIENTIFIC AND TECHNICAL DOCUMENTATION PRESS

·北京·

图书在版编目（CIP）数据

馆游天下：全球科技馆里那些事儿 / 刘巍，齐欣，马宇罡主编. —北京：科学技术文献出版社，2023.3（2024.12重印）
（中国科学技术馆实践书系 / 殷皓主编）
ISBN 978-7-5235-0135-1

Ⅰ.①馆… Ⅱ.①刘… ②齐… ③马… Ⅲ.①科学馆—介绍—世界 Ⅳ.① G321

中国国家版本馆 CIP 数据核字（2023）第 055529 号

馆游天下：全球科技馆里那些事儿

策划编辑：张　丹　　责任编辑：张　丹　　责任校对：王瑞瑞　　责任出版：张志平

出 版 者	科学技术文献出版社
地　　址	北京市复兴路15号　邮编　100038
编 务 部	(010) 58882938，58882087（传真）
发 行 部	(010) 58882868，58882870（传真）
邮 购 部	(010) 58882873
官方网址	www.stdp.com.cn
发 行 者	科学技术文献出版社发行　全国各地新华书店经销
印 刷 者	北京虎彩文化传播有限公司
版　　次	2023 年 3 月第 1 版　2024 年 12 月第 3 次印刷
开　　本	710×1000　1/16
字　　数	316千
印　　张	19.75
书　　号	ISBN 978-7-5235-0135-1
定　　价	98.00元

版权所有　违法必究

购买本社图书，凡字迹不清、缺页、倒页、脱页者，本社发行部负责调换

"中国科学技术馆实践书系"丛书

编委会主编　殷　皓
编委会副主编　苏　青
编委会成员　欧建成　隗京花　庞晓东　张　清
　　　　　　蒋志明　兰　军

编辑部主任　赵　洋
编辑部副主任　刘玉花
编辑部成员　谌璐琳　莫小丹　刘　怡　刘　巍

《馆游天下：全球科技馆里那些事儿》编委会

主　编　刘　巍　齐　欣　马宇罡
编　委　贾　硕　莫小丹

序 PREFACE

搭建平台　收获精彩

《馆游天下：全球科技馆里那些事儿》终于付梓出版了，尽管我已卸任退休，仍然感到非常高兴——毕竟了却了我一桩心愿，欣喜地看到我的同事及科技场馆同仁的创作成果得以结集呈现。

2017年5月，我调任中国科学技术馆党委书记、副馆长，主管办公室、科研管理部、科普影视中心，协助馆长分管人力资源部，其间还分管过网络科普部。历经三十余年、十几个岗位的职业生涯，我深切地体会到，一个单位的主要领导在任期间应重点抓好两件事：一是尽心履职，团结带领所属员工高质量完成好上级交办的各项工作任务；二是培育人才，为下属员工成长、发展搭建平台，创造条件。在我看来，培养人比做事情更为重要，因为培养了更多高素质高水平的人才，就能做更多更好的事情。因此，为中国科学技术馆员工锻炼科普写作能力、提升科技人文素质创造条件，为把中国科学技术馆举办的创新性展览、员工做出的创造性工作固化为出版物成果，为全国科技馆同仁相互学习交流、开拓学识眼界搭建平台，成为我在中国科学技术馆任职期间的一大心愿和努力的目标。

2018年年底，我和时任《科普时报》总编辑尹传红共同策划，在《科普时报》开设了"馆窥天下"专栏，面向全球征稿，定期刊发反映国内外科技场馆特色亮点、发展动态和实践案例等方面的文章，为业界同行学习交流借鉴提供平台，

为游客公众了解科普场馆拓宽渠道,充分发挥好科技场馆提升公众科学素质的社会教育功能。自 2019 年 1 月 4 日发表中国科学技术馆科研管理部助理研究员莫小丹博士的开篇文章《美国旧金山探索馆:独具匠心的展品设计》,"馆窥天下"专栏至今已发文近 100 篇。

2019 年年底,结合分管的科普影视和网络科普业务工作,我又为《科普时报》策划了"媒眼看世界"专栏。栏目宗旨为"谈媒体发展,看世界变化",重点刊载科普科幻影评和科技馆新媒体展品(展览)宣介文章,以科学的视角解读、评论热点科普影视作品和新媒体展品(展览),阐述科普科幻影视作品中新媒体技术特效原理和高新技术运用,揭示媒体技术和信息技术在科学传播中的作用,预测科学技术给人类社会发展带来的变化和影响。每期文章不仅在《科普时报》纸媒刊载,还配以音频在中国数字科技馆发表,以丰富内容展示手段、拓宽文章传播渠道。2020 年 1 月 3 日,中国科学技术馆科普影视中心讲师耿娴女士带病撰写的开篇文章《从〈阿丽塔:战斗天使〉看赛博格技术的发展》,让人眼睛一亮,令人倍加感动。至今,"媒眼看世界"专栏已刊载文章 56 篇。

正是有了这样的创作平台,我的同事和其他科技馆同仁开始拿起笔介绍自己所工作的科技场馆,借助旅游或出访,撰写参观域外科技场馆的所见所闻、所思所感,学习、宣传、交流、借鉴先进的展陈理念、传播手段、技术应用,以此丰富知识、提升自我、促进工作、推动发展。如果说,"馆窥天下"专栏呈现的是世界各地科技场馆的五彩缤纷和万千气象,"媒眼看世界"专栏展示的则是科普传播手段的与时俱进和引人入胜,两个栏目实际上是互为补充、相互支撑的。如今,"馆窥天下"专栏文章由科学技术文献出版社结集出版,实乃可喜可贺。

《馆游天下:全球科技馆里那些事儿》选辑"馆窥天下"专栏文章 84 篇,共分为四大部分,分别是"理念·特色""科学·文化""策划·展品""抗疫·使命",内容涵盖了亚洲、欧洲、北美洲、南美洲、大洋洲共 18 个国家的 70 多家科技场馆。真可谓:一书在手,科馆畅游,目不暇接,美不胜收,受益匪浅,知识丰优,他山之石,可攻玉岫。

序

出版文字是历史最深刻的记录。若干年后再翻看这本图书时，作为科学知识的播撒者，我们会感到欣慰和自豪，毕竟，我们没有辜负时代的召唤和民众的诉求。有感于斯，填《浪淘沙令》词一首，以表情怀："科普酿春风，创作情浓。馆窥天下架长虹。借鉴学习新理念，世界相通。媒眼探时空，技术葱茏。流光溢彩悦孩童。栏目图书成果硕，点赞由衷。"

是为序。

2022 年 4 月 18 日于北京

（苏青，博士，研究员，现任中国青少年科技辅导员协会副理事长；曾任科学普及出版社社长、中国科学技术馆党委书记等职。）

理念·特色

亚 洲 　　　　　　　　　　　　　　　　　2

日本科学未来馆：连接世界，探索未来	李晓彤	3
日本丰田产业技术纪念馆：传承工匠精神	季民卿	7
新加坡艺术科学博物馆：优雅地"活"起来	李大为	11
中国科学技术馆：十年新馆，其命维新	马宇罡	14
海信科学探索中心：博采众长　创新服务	廖　红	19
北京动物园：贯穿四季的"保护教育"	张宁新	22
漠河极地体验馆：漠河张臂迎新馆	苏　青	26
台湾海洋科技博物馆：工业遗产与海洋科学的邂逅	齐亚珺	30

欧 洲 　　　　　　　　　　　　　　　　　34

波兰哥白尼天文馆："才华横溢"的新生代	张文娟	35
捷克Techmania科学中心：让观众疯狂爱上科学	刘玉花　冯晓菁	38
德国索林根伽利略天文馆：一只球罐的变身	贾　硕	42
瑞典国家科学技术博物馆：感受科学不分人群	沈　嫣	44

北美洲　　　　　　　　　　　　　　　　　　　48

加拿大皇家不列颠哥伦比亚博物馆：打通台前与幕后

　　　　　　　江 芸　任海宏　王 丽　焦 娇　吴 丹　49
加拿大动态地球馆：感受镍都风采　　　　　　　　侯易飞　52
美国加州科学院和探索馆：绿色的科技馆　　　　　莫小丹　54
美国旧金山探索馆：铺平女孩的科学探索之路　　　刘 琦　57
美国波士顿儿童博物馆："玩"出来的力量　　　　吴 莎　60
美国坦帕科学工业博物馆：走心"小馆"同样精彩　庞晓东　63
美国拉布雷亚博物馆：凝固历史　解密黑金　　　　刘 巍　67
美国纽约科学馆：人人皆创客　　　　　　　　　　邵 航　71

大洋洲　　　　　　　　　　　　　　　　　　　74

澳大利亚墨尔本科学展览中心：让旧物重获新生　　李 勇　75
澳大利亚昆士兰博物馆：像科学家那样思考与实践　刘 琦　78

科学·文化

亚　洲　　　　　　　　　　　　　　　　　　　82

日本京都铁道博物馆：缓步慢行时光里　　　　　　于 舰　83
日本目黑寄生虫馆：见证血吸虫病防治百年历史　　陈 洁　88
泰国国家科技馆：点亮科技的本土智慧　　　　　　季民卿　91
新加坡科学馆：科技传递人文关怀　　　　　　　　刘 琦　94
伊朗国家科技馆：历史之光与现代梦想同在　　　　庞晓东　97
北京自来水博物馆：科技与历史的交融　　　　　　王立文　101
青岛啤酒博物馆：鲜啤畅饮芬芳沁　　　　　　　　苏 青　105
金沙遗址博物馆：古蜀文明的时光隧道　　　　　　马宇罡　109

目　录

庆华军工遗址博物馆：神秘兵工启尘封　　　　　　　　　苏　青　113
台湾兰阳博物馆：与本土文化共生的有机体　　　　　　　谌璐琳　117

欧　洲　　　　　　　　　　　　　　　　　　　　　　　　　120

德国曼海姆科学技术博物馆：一座生机勃勃的工业"小城"　杨晓华　121
德国实验科学中心：科学与艺术珠联璧合　　　　　　　　贾　硕　125
德国柏林技术博物馆：对技术的自豪与反思　　　　　　　刘伟霞　127
意大利达·芬奇科技博物馆：古今科技的对话　　　　　　孙莹莹　129
希腊塞萨洛尼基科学中心暨技术博物馆：给我支点撬地球　苏　青　133
英国催化剂科学发现中心：承载历史与未来　　　　　　　苑　晓　137
英国国家计算机博物馆：最高机密解码地
　　　　　　　　　　　　　　　杨军　Cindy Kemball-Cook　141
英国伦敦科学博物馆：用艺术温暖科学　　　　　　　　　刘　巍　145

北美洲　　　　　　　　　　　　　　　　　　　　　　　　　148

美国旧金山探索馆：让科学绽放艺术之美　　　　刘玉花　莫小丹　149
美国肯尼迪航天中心：感悟人类航天精神之旅　　　　　　齐　欣　152

南美洲　　　　　　　　　　　　　　　　　　　　　　　　　156

巴西国家博物馆：灾后重建的涅槃之路　　　　　　　　　常　娟　157

大洋洲　　　　　　　　　　　　　　　　　　　　　　　　　160

新西兰奥塔哥博物馆：讲述新西兰人的自然故事　　　　　黄乐乐　161

策划·展品

亚 洲　　　　　　　　　　　　　　　　　　　　　　　166

上海玻璃博物馆：走近生活的玻璃艺术　　　　　　　高梦玮　167
科大讯飞（青岛）人工智能科技馆：AI 走入寻常百姓家　廖　红　171
苏州御窑金砖博物馆：金砖烧制始黄泥　　　　　　　苏　青　175

欧 洲　　　　　　　　　　　　　　　　　　　　　　　179

芬兰科学中心：脑洞大开　创意无限　　　　　　　　蔡文东　180
荷兰人体博物馆：世界第一个"人体"主题博物馆　　　李大光　184
意大利伽利略博物馆：探寻实验科学的起源　　　　　孙莹莹　186
英国伦敦科学博物馆：科学教师的培训重地　　　　　常　娟　190

北美洲　　　　　　　　　　　　　　　　　　　　　　　193

加拿大国家美术馆："人类纪"的 AR 穿越之旅　　　　郝倩倩　194
美国新泽西自由科学中心：触摸生活中的科学　　　　赵　铮　198
美国纽约科学馆：互联世界　系统思维　　　　　　　金小波　200
美国芝加哥科学与工业博物馆：展现真实情境　　　　辛尤隆　203
美国康宁玻璃博物馆：臻于化境的技与艺　　　　　　刘　巍　207
美国林登·约翰逊航天中心："真家伙"带来的震撼体验　庞晓东　210
美国亚利桑那科学中心："可持续发展"的生动诠释　　龙金晶　215
美国旧金山探索馆：独具匠心的展品设计　　　　　　莫小丹　218
美国康涅狄格科学中心：细微之处见匠心　　　　　　廖　红　221
美国太空与火箭中心：航天梦起"太空营"　　　　　　曲晓亮　225

目 录

大洋洲   229

澳大利亚国家科学中心：懂理论、有实践的"科学马戏团"   苑 楠   230
西澳大利亚科技馆："小小科学家"的学习乐园   李竞萌   233

抗疫·使命

博物馆：唤起不能被遗忘的疫病记忆   刘 巍   238

亚 洲   242

日本东京目黑寄生虫馆：借问瘟君欲何往   王晓民   243
全国科技馆：迅速开辟抗疫科普服务的网络阵地
         马宇罡   刘 巍   齐 欣   246
博物馆直播：数字化的新方式   李 今   248
中国科学技术馆：新的疫病对决 不变的科普使命   王剑薇   251
流动科普设施：基层应急防疫科普轻骑兵   龙金晶   陈 健   255
北京自然博物馆："线上科普"传递抗疫力量   张一涵   吴亦凡   259

欧 洲   263

爱尔兰都柏林科学美术馆：艺术呈现传染病   谌璐琳   264
德国卫生博物馆：社会语境下的科学   郝凯宁   267
阿姆斯特丹微生物博物馆：窥见"微自然"   贾 硕   270
英国伦敦科学博物馆：联合策展直击公众健康关切   莫小丹   王 茜   272
英国弗罗伦斯·南丁格尔博物馆：当纪念遇上疫情   刘伟霞   275
英国亚姆博物馆：见证抗争瘟疫的历史   郝凯宁   陈欣冉   278

北美洲　　　　　　　　　　　　　　　　　　　　　280

美国史密森国家自然博物馆：互联世界中的流行病	李大光	281
美国史密森国家自然博物馆：疫病的起源、传播和防控	蓝　蔚	283
美国玛丽安·科什兰科学博物馆：科学是不朽的纪念	马宇罡	286
美国纽约市博物馆：纵览"细菌之城"	苑　楠	289
美国普林斯顿大学艺术博物馆：艺术视角看瘟疫	高梦玮	291
美国国家疾病控制与预防中心博物馆：防控疾病的教育营地	邵　航	293
世界艾滋病博物馆暨教育中心：消弭歧视，纠正偏见	刘　怡	295

大洋洲　　　　　　　　　　　　　　　　　　　　　297

澳大利亚人类疾病博物馆：架起公众理解疾病的桥梁	辛尤隆	298

后　记　　　　　　　　　　　　　　　　　　　　　300

馆游天下

理念·特色

亚 洲

日本科学未来馆
连接世界，探索未来

李晓彤

在东京著名的观光胜地台场地区，坐落着一座简洁、现代化的蓝色建筑，吸引着来自世界不同地区的游客前来打卡，这就是日本最好的科学类博物馆之一——日本科学未来馆（Miraikan，图1）。它于2001年7月10日开馆，共有地上八层、地下二层，总面积近9000平方米。

图1 日本科学未来馆（作者拍摄）

馆游天下
全球科技馆里那些事儿

正如其名字一样，"科学"与"未来"是构成 Miraikan 的最重要元素，其理念是为公众提供一个场所，共同思考和探讨科学作为一种文化，会对社会起怎样的作用，对未来又会产生怎样的影响。Miraikan 的标志亦充满了科技感和未来感：一个蔚蓝色的球体表面环绕了许多白色的弧线，它代表着"地球与卫星轨道""细胞分裂""地球上的不同信息网络""电子运动"等概念，也凸显了它的主题。

Miraikan 共有 3 个常设展区，分别为"探索世界""创造未来""与地球相连"，均是在一流科学家和科技人员的指导下设计完成的，从宇宙、生命、信息等视野来解析前沿科技。

我们现在为什么会生活在地球上？在"探索世界"展区，从宇宙太阳系到地球环境、从生命的孕育到生存挑战……都可以进行探讨；观测中微子、参观国际空间站、利用加速器探测基本粒子和宇宙……都可以从容体验。

"创造未来"展区则引导公众思考：我们今后将如何去构筑丰富多彩的未来？这有助于我们探索理想的社会和生活方式，以及以何种方式去实现。还有智能机器人演示、网络物理模型、逆算思考未来、技术革新的原动力……处处可见科技和未来生活的身影。

"与地球相连"展区可谓凝聚了 Miraikan 的精髓，我们可以通过最尖端的技术和数据，感受并理解连接地球上所有生命与环境的"纽带"。这既是地球生态系统中各种各样生命之间的"纽带"，也是在地球长达 46 亿年的漫长岁月中诞生的人类与地球之间的"纽带"。在这里，你也可以仰望 Miraikan 最标志性的展品——探索地球（Geo-Cosmos，图 2）。1000 万像素以上的高分辨率生动再现了闪耀在太空的地球形象，可以根据卫星数据等模拟地球等行星、月亮等卫星的形态，还可以显示全球海面温度、全球变暖模拟实验等，目的是希望能够与更多人共同分享从宇宙看到的美丽地球。

图2 "与地球相连"展区——Geo-Cosmos展项（作者拍摄）

不同于以收藏为主的传统科学类博物馆，亦不同于在互动中探索经典科学原理的科学中心，Miraikan具有独特、鲜明的展览特色：一是展览并不是单纯告诉公众"这是什么"，而是留有发散空间，促使公众思考科技发展与地球演化、人类自身发展的关系，理解世界上发生的事情，共同构筑智慧生存；二是展品侧重于展示最尖端前沿的科技，较少涉及基础学科和基础知识；三是为保证科学性和前沿性，所有展品都是在各具专长的科学家和工程师的监督下设计完成；四是为了使高新技术易于被普通观众理解，展品多为互动型和体验参与型，且重视讲解服务。

在享受体验式展览的同时，Miraikan亦为公众提供了形式多样的互动探究活动。公众可以通过小型研讨会，与专业科学传播人员探讨对社会的思考；通过动手实验，体验和对话尖端科技；通过观赏富含科技元素的表演，畅想未来的生活；通过"未来之门"，感受不同的人在访问Miraikan时的不同想法……公众在兼具趣味性与知识性的活动中思考、探索、分享科学与未来。

"科技的发展虽然丰富了我们的生活，但是也让我们意识到了气候变化、能源问题等地球的承受极限。为使100亿人在地球这个行星上继续生存，我们

有必要面对现今整个地球所存在的问题。"未来馆馆长、日本首位"太空人"毛利卫先生表示。Miraikan的意义不仅仅是集中展示最前沿科技,更重要的是连接世界、凝聚智慧,启发公众共同思考、探索未来!

（作者系上海科技馆科学传播与发展研究中心助理馆员）

参观提示

该馆地址：东京都江东区青海2-3-6
该馆电话：0081-3-3570-9151
该馆网址：https://www.miraikan.jst.go.jp/

日本丰田产业技术纪念馆
传承工匠精神

季民卿

日本爱知县名古屋市西区坐落着一幢红砖外墙、锯齿形屋顶的百年建筑——丰田产业技术纪念馆，红砖墙后面是丰田集团传奇创业史和日本近代工业现代化发展的缩影。

丰田产业技术纪念馆致力于传承工匠精神，将"研究和创造"精神、生产制造的重要性传给下一代，也正是秉持这些精神，品牌创始人丰田佐吉才从纺织机械起家，并使工厂一步步发展成为世界汽车工业巨头。

观众入馆后，首先参观的就是纺织机械展馆，在其入口处放置的是丰田佐吉的经典作品——环状织机（图1）。它因为"节省动力，安静地织超宽布"而被誉为跨时代的"梦幻织机"，在世界19个国家取得了专利，闪耀着精益求精、追求卓越的匠心之光。

不同时期的纺织机械井然有序地排列在展馆中。与其他博物馆不同，这里的机械展品基本上都是可以运转的，而且配备专人操作演示，繁忙的景象仿佛把观众带回了第二次工业革命。展品涵盖了纺织机械发展史上的各种机器，其中有不少是丰田发明的。例如，1890年丰田的首个专利——丰田式木制人力织机问世，它能把织布的工作效率提升40%～50%；1896—1924年，先后发明的丰田式汽力织机、丰田式铁制自动织机、丰田式38式动力织机和著名的无间歇换梭式丰田自动织机（G型自动织机）等。丰田佐吉一生共取得了84项专利，并创造出35项创新应用。他一直在践行"研究和创造"精神，为纺织技术发展做出了杰出贡献。

图1 环状织机（作者拍摄）

丰田佐吉的儿子丰田喜一郎继承了这种精神，并将品牌发扬光大，创建了丰田汽车产业。他在考察欧美后，下定决心要进入汽车行业。1929年丰田将G型自动织机专利转让给英国Platt Brothers公司，所获资金则投入到汽车研发上，并着手研究小型汽车发动机。1933年丰田设立汽车部，开始了夜以继日的研发之路。

在早期汽车展馆中，观众可以看到工人们聚精会神地制造、测试和研发的一幕幕场景，并多次出现了丰田喜一郎凝神思考的形象（图2）。"从零开始"造汽车对丰田来说是一次巨大的挑战。由于当时日本钢铁行业无法满足车用钢铁材料的需求，丰田便设立了材料实验室，并引进了当时最新的研究仪器；同时，丰田喜一郎购买了美国和德国汽车，并反复拆装、研究、分析和测绘发动机。尽管丰田在纺织机制造方面积累了丰富的铸造经验，但由于汽车发动机缸体形状复杂而体薄，之前的技术经验都没有起作用。丰田在经历了500多次失败后，打造出了自己的发动机缸体。1935年起丰田G1型货车和A1、AA型乘用车相继问世，两年后丰田汽车工业株式会社成立。展馆中展示的各个时期丰田的代表车型（图3），就是对这段历史的详细回顾。值得一提的是，为更好地展现丰田励精图治的创业史，展馆通过漫画的形式来演绎展品背后的研发故事，这些热血漫画也传递着日本流行文化的魅力。

图2 凝神思考的丰田喜一郎（作者拍摄）

图3 各个时期丰田的代表车型（作者拍摄）

除展现历史外，纪念馆还为观众完整呈现了汽车的制造过程，包括铸造、锻造、冲压、机械加工、喷涂、组装等生产流程，展品既有互动（按键操作）的模型，也有大型机械的自动演示。观众不难从中发现其研发技术不断改进的轨迹和致力于创新的企业文化。

"窥一斑而见全豹"，丰田产业技术纪念馆向我们展现了日本近代工业发展历程中工匠精神的传承及其精神对丰田人的激励，这对一般制造业，乃至所有工业企业都有普遍的借鉴意义。

（作者系上海科技馆合作交流专员）

参观提示

该馆地址：名古屋市西区则武新町 4-1-35
该馆电话：0081-52-551-6115
该馆网址：https://www.tcmit.org/

新加坡艺术科学博物馆
优雅地"活"起来

李大为

在新加坡滨海湾,盛开着一朵优雅的"白莲花",这就是新加坡艺术科学博物馆(图1)。十片洁白的莲花瓣向外舒展,每一瓣都代表着不同的展馆空间,花瓣尖上安装了天窗,阳光由此照进弧形内壁,使展馆内的光线充足而自然。花心处有一个圆形洞口,下雨时雨水会顺着每片花瓣流到洞口,再垂直落到底

图1 新加坡艺术科学博物馆俯瞰设计(作者拍摄)

层倒影池，形成一个35米高的室内瀑布，而雨水经循环处理后还可供博物馆再次利用，此设计堪称环保理念与艺术审美的完美融合。

通过这样奇妙的建筑设计，我们已不难看出新加坡艺术科学博物馆的理念——站在艺术、科学、文化和技术的交汇点上，推动创新、创造未来。因此，自2011年2月开馆以来，该馆不仅在艺术领域推出了不少重量级展览，向公众呈现了世界著名艺术大师达·芬奇、萨尔瓦多·达利、安迪·沃霍尔、凡·高和埃舍尔等人的作品，还推出了多场有趣的跨界展，引导观众探究大数据、粒子物理、古生物学、海洋生物学、空间探索等神秘的科学领域。

该馆尤其善于运用前沿科技展示科学与艺术主题。例如，常设展览"野外探秘：一场身临其境的虚拟冒险"就是由新加坡艺术科学博物馆与谷歌、联想、世界自然基金会共同策划开发的。展览使用谷歌的Tango技术将虚拟世界和现实世界深度融合，突显环境保护主题。由于创意出色，该展览还获得了威比人民之声奖等多项大奖。

智能手机是参观整个展览不可或缺的设备。当观众穿行郁郁葱葱的东南亚虚拟热带雨林时，会与一些雨林中的主要"居民"——穿山甲、貘、鼷鹿、红毛猩猩和老虎等不期而遇，观众可以近距离观察它们，了解它们正在面临的危机，并且可以通过手机互动保护它们的生存环境。参观快要结束时，观众可以在博物馆内种下一棵虚拟树木，而同时世界自然基金会的野外工作人员则会在印度尼西亚的布吉蒂加普鲁种下一棵真正的树。这里是苏门答腊最后的原始雨林，也是濒危动物苏门答腊虎的主要栖息地，那些树木曾被非法种植棕榈树的庄园主砍伐，使包括苏门答腊虎在内的很多野生动物无家可归。

种下树木后，观众将会走进新加坡当代艺术家Brian Gothong Tan利用最先进的动画和制图技术打造的神奇世界。他将观众从虚拟现实的数字冒险引到壮观的沉浸式电影体验之中。他的多媒体电影描绘了5只动物——穿山甲、貘、鼷鹿、猩猩和老虎栖息地的脆弱景象，流畅地展示出动物们从被创造到毁灭，再到重生的旅程。

自"野外探秘：一场身临其境的虚拟冒险"开幕以来，东南亚的热带雨林中已经种下了一万多棵树，世界自然基金会还会把小树的成长照片、精确的地理坐标等信息发送给观众,这样他们就能在谷歌地图上看着小树长大!他们也可以感受到自己在虚拟世界中所做的事正在对现实世界产生重大影响。

近日开展的"所有的可能:理查德·费曼的求知人生"展览则利用当代艺术的设计形式展现了获诺贝尔奖的物理学家理查德·费曼的辉煌与多面人生。展览的策划制作联合了新加坡南洋理工大学、新加坡国立大学和瑞典诺贝尔博物馆等多家机构,以装置艺术、雕塑和沉浸式环境艺术等表现方式,结合费曼的私人信件、文章、照片等实物(包括他那只著名的邦戈鼓和亲笔画作),全面展现其好奇天性和非常规思维模式是如何促使他探索人生道路的诸多可能性的,更好地传达了费曼对于今天人们的重要意义与影响。

艺术科学博物馆馆长汤姆·乔勒说:"我们要的是创意、好奇心和美学的元素,不是挂一件展品在墙上,然后贴上解说那样简单,我们是要让博物馆'活'起来。"他们正在用一个个奇思妙想的展览践行自己的理念,这朵优雅的"白莲花"也正在科学与艺术的微风里轻轻摇曳,吸引着更多公众来欣赏。

(作者系中国科学技术馆网络科普部工程师)

参观提示
该馆地址:6 Bayfront Avenue,Singapore 018956
该馆网址:https://zh.marinabaysands.com/museum.html

中国科学技术馆
十年新馆，其命维新

马宇罡

中国首家，也是唯一一家国家级科技馆——中国科学技术馆（简称"中国科技馆"）诞生于1988年，如今已过而立。2009年9月16日，在北京奥林匹克公园新址建成开放新馆，成为其31年发展历史中的里程碑，也是其向更高水平跃进的新起点。新馆开放10年，虽被外界笑称科技馆界"元老"，但在"苟日新，日日新，又日新"的自我期许和勉励中，其始终坚持创新作为保持活力和公众吸引力的源头活水。2018年，按观众量计算，中国科学技术馆在全球排名前20位的博物馆中居第13位。

中国科学技术馆新馆占地面积4.8万平方米，建筑面积10.2万平方米，建筑外观为单体正方形，造型为巨大的鲁班锁，包含中国古典建筑元素，也寓意对现代科学的探秘与解锁（图1）。整个场馆拥有"儿童科学乐园""华夏之光""探索与发现""科技与生活""挑战与未来"5个常设展厅，设有球幕、巨幕、动感和4D影院。

新馆之新，首先体现在孜孜不倦地保持常设展厅常展常新。10年间，"华夏之光""太空探索""信息之桥"展厅先后完成更新改造，其中"太空探索"常设展览（图2）荣获第十六届（2018年度）全国博物馆十大陈列展览精品推介优胜奖，成为全国唯一入围并胜出的科技类展览。"小球阵列"（图3）等公共空间展品全新升级，以"熟悉的陌生感"给公众带来新感受。2019年6月1日，封闭改造7个月的"儿童科学乐园"（图4）重新开放，以更加符合儿童学习体验习惯和心理的新面貌，迎接孩子们的"检验"。

中国科学技术馆
十年新馆，其命维新

图1 中国科学技术馆新馆外景（傅兴拍摄）

图2 "太空探索"
常设展览
（张永乐拍摄）

图3 "小球阵列"升级版（张永乐拍摄）

图4 "儿童科学乐园"新展厅（张永乐拍摄）

新馆之新，也体现在其经年累月努力寻求短期展览的多元。在"中国梦·科技梦"主题下，"中国互联网20年展览""核科学技术展""光及光基技术展""机器人主题展""心理学主题展"等系列短期展览先后登场，配合科普讲座、科普教育活动，让公众既能了解"硬核"科学，又能感知人与社会、人与科学的关系。瑞士"阿尔伯特·爱因斯坦（1879—1955年）"、德国马普学会"科学隧道3.0"等高水平国际科学展览陆续引进，让中国公众从另类视角感受科技魅力。短期展览还善于敏锐抓住科学热点，如联合国确定2019年为"国际化学元素周期表年"，2019年暑期就开设了"律动世界——化学元素周期表专题展"，首次探索将科学内容提升至哲学层面展示，展览开放41天，累计服务观众26.6万人次。

新馆之新，还在于勇于突破思维局限，让科普教育活动规模大型化、场景主题化，使公众乐在其中。2018年9月，中国科学技术馆30年来首开夜场，以科幻为主题的"科学之夜"大型主题活动连办8场，"3D结构投影视觉秀""科幻主题探秘""角色扮演主题巡游""密室逃脱""科学嘉年华""真人VR绝地求生"六大版块内容精彩纷呈。其中，"3D结构投影视觉秀"（图5）专为中国科学技术馆独特的建筑结构量身打造，结构投影技术在国内科普场馆首次得到应用，32台31K流明投影机在距离地面30米高、近3000平方米的

图5 2018年"科学之夜"之"3D结构投影视觉秀"（任继伟拍摄）

投影墙上呈现出气势磅礴、大气恢宏的科技史画卷。"科学之夜"于2019年10月继续上演,更神秘、好玩、好听、好看。

新馆之新,在管理方面持续探索提升公众体验新方式。10年间,不断增大的客流压力,对新馆安全及用户体验日益构成严峻挑战。经过深入调研和缜密推演,2019年7月1日起正式试行高峰期预警限流措施,全馆每日限流3.6万人次,瞬时最大接待量1.5万人。经过暑期两个月的试运行,有效控制了观众总量,使客流分布趋于均衡,极大改善了学习参观环境。这是中国科学技术馆31年来对场馆管理做出的重大变革,承担了巨大压力,集中展现出新馆开放10年仍具备创新的勇气、担当和智慧。

"周虽旧邦,其命维新"。中国科学技术馆新馆走过的10年,从来不把已有成绩或"江湖地位"当成不敢创新的借口,而是将国家馆的定位当作使命和责任,以"敢为天下先"的锐气、"美美与共"的胸襟和不断革新的品格,在创新的大道上迈向下一个充满希望的十年。

(作者系中国科学技术馆科研管理部副主任)

参观提示
该馆地址:中国北京市朝阳区北辰东路5号
该馆电话:0086-10-59041010
该馆网址:https://cstm.org.cn/

海信科学探索中心
博采众长　创新服务

廖　红

2019年9月开放的海信科学探索中心，是海信集团投资兴建的以"科学和自然探索"为主题的综合性科技馆，它坐落于青岛电视机总厂（海信集团前身）的旧址。传统厂房式建筑配以砖红与灰色，斜上方悬挂的黄色条幅上印着场馆理念"成功源自好奇心"，一眼望去，工业设计感十足，简约、精致，彰显品位（图1）。

图1　海信科学探索中心外观（作者拍摄）

馆游天下
全球科技馆里那些事儿

海信科学探索中心面积为13 000平方米，有展示企业发展的海信历史文化馆，有与企业主营产品相关的世界消费电子博物馆，但核心空间还是科学中心式的体验中心，包括科学启蒙馆、科学发现馆、自然探索馆，该中心在其餐饮区旁设有"显示的世界"，专门展示海信显示类产品的最新成果。这种布局充分体现了企业建设运营场馆的特色，既有历史感，又有现代感，将技术发展历程与科学探索有机结合。

该中心令人印象最深刻的是，从展厅布展到展品设计，到处都能感受到低调、简朴、统一、实用的工业美学。其环境布展以白或灰墙为主，几乎没有复杂造型及过多装饰。即使是专为3～8岁小朋友设计的科学启蒙馆，红色、黄色、蓝色等运用较多，但饱和度低，看起来清新、淡雅，与众多儿童科学馆的艳丽热闹形成反差。

科学启蒙馆、科学发现馆的展品设计很好地诠释了"好奇心"。一是倡导问题比答案更重要，更多通过"试一试""想一想"来阐释，强调通过自己动手、观察来总结、体会其中的道理，而不是直接将原理通过说明牌展示出来。例如，"哪个跑得快"展品，设计人员在长轨道中间设计若干可通过手轮改变轨道陡峭程度的节点，让小朋友通过实践理解轨道角度对小球滚动速度的影响，展品没有给出任何原理性的说明，只是鼓励参与。二是展览注重"见物见人见精神"，许多展品的布展就是素描版的科学家形象及其名言，如展品"脚踏发动机"的背景就是法拉第头像及其名言"一旦科学插上幻想的翅膀，它就能赢得胜利"，这有利于启迪青少年的想象力（图2）。三是大胆改进，让人耳目一新，如展品"气流隧道"，类似经典展品"听话的小球"，用气球代替小球，用一个个具有金属感的环代替透明管道，使展品体量更大、更有科技感、更像艺术品，同时兼顾了观众放置气球时的手感。

自然探索馆模拟了沙漠、平原、热带雨林等六大地貌，活的大土拨鼠、荷兰猪、小松鼠等小动物与浓缩版的自然风貌带给观众不一样的体验。其设计体现了互动与交流的理念，如"小鸡孵化"设置的小朋友认领活动，孩子的名字被写在没有孵化出小鸡的蛋壳上；模拟土拨鼠的生存环境建造的"家"，观众可以钻到下面去观察可爱的小动物，让观众有更强烈的贴近感；仙人掌展示采

海信科学探索中心
博采众长　创新服务

取了真假混搭的方式，既有真实感，又可以避免刺伤小朋友。

海信科学探索中心在教育、服务方面很用心。从硬件设施上看，三辊闸机的辊上都有软包，避免小朋友磕碰；餐厅墙上的画都是采用海信显示器呈现的动态油画，可以经常更换。在软件服务上，非常重视精准服务，如讲解词就针对不同孩子的喜好，开发了金庸版、动画版、哆啦A梦版、诗词版等；办有"科学生日会"、"科学奇幻圣诞派对"及儿童节夜场"哈利魔法夜"等；场馆内容设计力求与学校教育相衔接，按照课标要求进行设计，每个展项上贴有二维码，扫码后即可听到展项相关科学原理的语音讲解，甚至还能了解此原理在课本哪一章节出现过。

图2　展品"脚踏发动机"（作者拍摄）

海信科学探索中心，集企业展示馆、科技博物馆、科学中心、自然博物馆等类型为一体，将企业精神融入场馆运营，既保留场馆优点，又彰显了工业设计的简约实用，体现了海信集团"竭诚为顾客服务"的理念，特别是贴近青少年需求的教育服务更值得众多场馆借鉴。

（作者系中国科学技术协会科学技术普及部副部长，研究员级高级工程师）

参观提示

该馆地址：中国山东青岛市市南区江西路11号
该馆电话：0086-532-80872888
该馆网址：http://hsc.hisense.com/

北京动物园
贯穿四季的"保护教育"

张宁新

北京动物园始建于1906年,经历百年发展到现在,已成为北京地标性公园之一,每年接待900多万国内外游客。北京动物园不仅承担着动物异地保护和科学研究的重要职能,还肩负着科普职能(图1)。自2006年"保护教育"理念引入中国后,北京动物园系统培训了一批工作人员,在国内率先开展系列

图1 北京动物园科普馆外观(作者提供)

保护教育活动，希望由此构建起城市人群和野外生态之间的联系纽带，引导人们把关注转化为保护行动。

如今，北京动物园已打造了"北动科普季"教育活动品牌，开展"三位一体"的生态教育，以动植物、生态保护主题展览贯穿全年，并在冬季打造生肖文化展，夏季开展"科普营日"活动，春秋两季开展主题科普宣传、动物课堂和校外实践活动，体现科普教育"春夏秋冬各季不同，内容有别"的品牌内涵。

冬季，北京动物园将生肖文化与丰富的动物资源相结合、中华传统文化与保护动物相统一，观众在参观动物园的同时，学习和体验中华民族丰富的生肖文化。结合自身丰厚的动物资源，北京动物园举办的"生肖文化"主题展览，以展板、动物标本等形式介绍生肖动物知识（图2），并开展以倡导动物保护、弘扬生态文明为核心的系列科普活动，旨在践行北京动物园"教育保护并举、安全服务并重"的工作理念。

图2 "生肖文化"主题展览（作者提供）

夏季，北京动物园凭借自身资源优势，组织"科普营日"活动（图3），提供走进幕后接触动物，甚至夜宿动物园的服务，吸引了大量社会公众参与其中。每个夏天的活动内容都保持了50%的更新率，这样让观众，尤其孩子们能常玩常新，有不少营员多次报名参加，"科普营日"活动的受欢迎程度可见一斑。无论对于小朋友，还是成年人，参加此项活动均能培养他们的同理心，树立其保护大自然、爱护动物的正确意识和责任心。不少营员把其在动物园里的所见所闻和学到的知识与朋友们分享，由此影响他们身边每一个人，发动大家关爱动物、保护环境。

图3 "科普营日"活动（作者提供）

春秋两季气候宜人，为满足人们更加频繁的参观需求，北京动物园开展了形式更为多样的"保护教育"主题活动。例如，他们为4～6岁的小朋友们开设"动物课堂"，让他们跟随专业老师了解发生在小动物们身上的故事，还可以通过观看手偶剧、做游戏、做手工等活动，了解动物的神奇之处，和动物"交朋友"。2008年开始，动物课堂已经开展了十几年，涉及的课程包括蛙、蛇、乌龟、鹤、仓鼠、鸭跖草、大熊猫、兔子、昆虫、蜥蜴等50余项主题内容，成为北京动物园保护教育活动的明星项目，深受小朋友和家长的欢迎。

北京动物园
贯穿四季的"保护教育"

春秋两季是北京动物园与学校合作，到校开展馆校合作课程的好时机。北京动物园走进学校，为同学们带去丰富多彩的"保护教育"项目（图4）。其不仅根据授课对象的年龄和文化背景，适当调整活动内容，还根据学校师生的需求，不断增加新的授课主题、完善项目内容。目前，已在活动中增加了参与性强的游戏项目，并设计开发了大量游戏道具。使同学们能够在游戏中收获快乐的同时，学习更多的知识，践行正确的保护行为。

图4 "保护教育"走进校园（作者提供）

北京动物园作为"全国青少年科普教育基地"和"全国中小学环境教育社会实践基地"，在环境压力日益紧迫的今天，更应以身作责，爱护环境，承担起不可推卸的保护教育使命：引导公众需求和行为，使更多人加入到野生动物保护、环境保护的行列中来！

（作者系北京动物园科普馆保护教育教师）

参观提示

该馆地址：中国北京市西城区西外大街137号
该馆电话：0086-10-68390274
该馆网址：http://www.bjzoo.com/

漠河极地体验馆
漠河张臂迎新馆

苏 青

"人赞漠河奇秀,白昼极光特有。今日幸来临,景色如何看够?知否?知否?未睹打包带走。"2020年9月下旬,笔者率专家组赴黑龙江省漠河市,到刚竣工的中国科学技术馆分馆——漠河极地体验馆进行展览展品设计和布展验收,受极地独特的绚丽风光感染,临别时即兴填这首《如梦令·漠河》,以抒留恋难舍情怀。

漠河极地体验馆(图1)地处祖国最北端的漠河市北极村,与俄罗斯阿穆尔州仅黑龙江一水之隔。时值金秋,从漠河机场到北极村的路上,但见大兴安

图1 漠河极地体验馆外景(作者拍摄)

岭起伏的山峦七彩斑斓，分外绚丽；刚挺的樟子松簇拥成林，青翠欲滴；幽静的白桦林宛若油画，美不胜收。

4年前，中国科协创新战略研究院副院长周大亚博士挂职黑龙江省大兴安岭地委委员、行署副专员，在调研漠河等地科普资源后，提出了在北极村创建极地科技馆的设想。他的倡议得到了中国科学技术馆、黑龙江省科学技术馆、漠河市政府的积极响应和全力支持，三方遂签订协议，将中国科学技术馆"体验科学，启迪创新"的办馆理念与漠河市的地理资源优势相结合，共同打造我国独具特色的极地科普教育基地。

漠河极地体验馆以"感受极地特色，培养极地兴趣"为主题，普及极地科技知识，展示漠河壮丽风光，分享北极探险乐趣，整个展览分为"极地自然""极地探索""冰雪之恋"3个展区。进入展馆，游客可以通过展品观看震撼的模拟极光盛景，在球幕影院欣赏极光飘舞、闪烁的壮美夜空，学习地球极地自然科学知识，了解南北极自然地理特点，掌握人类在酷寒环境下的生存智慧，感受人类在南北两极高寒地带所从事的科考探险活动，体验在漫天冰雪中勇敢搏击的速度和激情。

在"极地探索"展区，我们被一群因纽特人站在由哈士奇犬拉着的低矮的雪橇旁的展品所吸引（图2）。大家坐上雪橇，戴上VR设备，通过小型造雪机、

图2 北极探险的狗拉雪橇展品（作者拍摄）

鼓风机和第三视角投影营造氛围,体验美国探险家罗伯特·皮尔里100多年前率领团队探险北极,惊心动魄、艰苦卓绝的历程。

1909年3月1日,罗伯特·皮尔里和他最信赖的朋友马修·汉森率领考察队从格陵兰岛出发,前往北极探险。在4位强壮的因纽特人的帮助下,他们越过240千米的冰原,铲除了15米高的冰峰,冒着凛冽的暴风雪,穿过漫无边际的雪雾,最终于同年4月6日到达朝思暮想的北极点,创造了人类历史上首登北极点的奇迹。这一壮举宣告了北极地理发现时代的终结,以无可辩驳的事实证明了从格陵兰到北极不存在任何陆地,整个北极都是一片坚冰覆盖的海洋。

中国科学技术馆研究员级高级工程师李立是漠河极地体验馆的策展负责人,她告诉验收专家,设计这一探险展品就是要让游客,尤其是青少年,身临其境地体验人类早期对北极的冒险探索,培育自身坚韧不拔的意志,以及为了实现目标锲而不舍的拼搏精神。

我国著名地质学家位梦华教授被誉为"中国极地科考第一人",他是最先登上南极大陆的少数几个中国人之一,也是第一个进入南极中心地区和阿拉斯加北极地区的中国人,还是第一个与因纽特人广交朋友、对因纽特人历史文化进行深入研究的中国人,更是对北极考察次数最多(共9次)、居住时间最长(共3年多),发表、出版有关南北极科普文章和科学专著(图书)数量最多的中国科学家……

漠河极地体验馆专门为位梦华教授设计了一个引人注目的高度仿真人体模型展品——年过八旬的位梦华教授坐在中国北极科考基地的办公桌前,通过语音识别系统与游客直接对话互动,给观众讲述极地科考故事,介绍自己南北极科考经历,回答有关极地防辐射、防雪盲症和极地防寒服保温导湿原理等方面的问题。位梦华教授的所有对话都是事先录制,乡音乡调,原汁原味,实为珍贵;观众零距离与大科学家交流,倍感亲切、深受鼓舞。

漠河极地体验馆最终顺利通过验收,将以其特有的风貌、独有的展示内容,面向当地公众和来自全国各地的游客开放,普及极地知识,弘扬科学精神,褒奖探险勇士,鼓励体验探索,激励开拓创新。

漠河极地体验馆
漠河张臂迎新馆

借公干闲暇畅行北极村,饱览边陲乡野美景,品尝当地农家便餐,浸润林区草木富氧,不禁心旷神怡,感慨万千,谨填《锦缠道》词一首,以表欣慰、舒畅、昂扬情怀。"顶冠雄鸡,翘首仲秋边塞。北极村、斑斓七彩。刚直翠绿樟松派。白桦幽林,油画勾魂爱。漠河新馆呈,靓姿将晒。验收人、睹先为快。待疫平,胜地张双臂,独拥特色,喜迎宾朋再。"

(本文作者系时任中国科学技术馆党委书记、副馆长)

参观提示 该馆地址:中国黑龙江省大兴安岭地区漠河市北极村

台湾海洋科技博物馆
工业遗产与海洋科学的邂逅

齐亚珺

台湾海洋科技博物馆位于中国台湾基隆市，于2014年改造建设完成并对外开放。博物馆建筑的前身是当时亚洲最大、设备最新的填海造地火力发电厂，为台湾提供稳定的电力供应。1981年火力发电厂关闭后就淹没在荒草之中，直到2001年才脱胎换骨，规划为台湾海洋科技博物馆，原厂房建筑被基隆市定为历史建筑。博物馆建筑设计中保留了部分老厂房原有的斑驳风貌，与现代装饰相结合，给人以时空对话之感（图1）。

图1 台湾海洋科技博物馆外观（作者拍摄）

台湾海洋科技博物馆
工业遗产与海洋科学的邂逅

台湾海洋科技博物馆包含7个不同主题的展览展示厅、1个深海影厅、室内外休闲空间等。其中，深海展示厅与深海影厅由原火力发电厂高大的锅炉室改造而成，打破科技馆常规影院模式——没有设置球幕、标准巨幕或4D，而是充分利用老厂房空间特点，在未经装饰的建筑体上搭建钢架，规划了顶面与墙面相融合的放映及幕布系统，营造出深邃的空间感，主要放映深海探索题材的影片，实现奇特的深海生物在四周穿越的效果。此外，单独利用云朵状投影屏幕，讲述老电厂蜕变与城市发展的故事。

观众可在位于深海影厅下方的深海展示厅领略深海生物秘境，展览围绕"生物形态功能与环境相适应"这一核心概念展开。展览开篇的展示墙，用透明通电玻璃配合视频、场景模型，向观众展现了一幅海洋纵深全景图，同时通过深度标尺，展示了海洋生物及人类潜水器的分布情况。这面展示墙起到了展区总领作用，使观众初步认识到生物与环境相适应的基本原理。在接下来的展示脉络中，着重对深海生物的适应能力进行了详细阐释，并通过问题岛的形式吸引观众。例如，"深海鱼的鱼鳔会在高压环境下被压扁吗？"等，这样的问题很容易引发公众思考。说明牌再循序渐进地讲解深海鱼鳔内的蜡质或脂质特性，以及鱼鳔前端发达的微血管系统可以增加鱼鳔内的压力等。

在黑暗、缺氧、低温的生存环境里，生物会演化出令人惊奇的特征，如透明身体、发光器官、管状眼睛、发达的振动感受器等。展厅中的一些互动展品很好地说明了这些知识，如管眼鱼展品（图2），就动态展示了这种外形奇特，长着

图2　管眼鱼展品（作者拍摄）

透明头部和能转动管状眼睛的生物。它们生活在海底 16～1015 米的区域，此区域光线微弱，管眼鱼可使用利于聚光的管状眼睛搜寻轮廓模糊的目标猎物，但它们的视野范围狭小。

让人印象尤为深刻的是，这里还展示了其他自然博物馆很少涉及的主题——"鲸落"（图3）。正所谓"一鲸落，万物生"，一条死去的鲸鱼甚至可以维持一个生态系统上百年的繁荣。设计者利用下沉空间还原了海底场景，观众通过脚下透明玻璃可以清晰地看到整个鲸落状态。鲸鱼尸体吸引着虾蟹、深海鱼、无脊椎动物，以及肉眼看不到的微生物纷至沓来，从时间上分为腐食期、骨食期、化学合成期，在这场深海盛宴中，不少生物适应了海底无氧环境，分解鲸骨中的脂类，产生硫化氢，并将其作为能量来源。这个知识点再次反映出生物与环境相适应的核心思想，鲸落展品体现出宏大的空间与时间跨度，给人强烈的震撼感。

除了深海展示厅外，台湾海洋科技博物馆还设有船舶与海洋工程厅、海洋科学厅、海洋环境厅、水产厅、海洋文化厅和儿童厅，涉及领域广泛，可满足不同年龄观众的需求，公共大厅还设有艺术装置，传达人类与海洋可持续发展

图3 鲸落生态系统展示
（作者拍摄）

的理念，该博物馆如同一部海洋的百科全书，营造了工业建筑记忆与海洋科学的时空邂逅。

（作者系北京科学中心展览工程部部长）

参观提示

该馆地址：中国台湾基隆市中正区北宁路367号
该馆电话：00886-2-24696000
该馆网址：https://www.nmmst.gov.tw/chhtml/

欧 洲

波兰哥白尼天文馆
"才华横溢"的新生代

张文娟

位于波兰首都华沙的哥白尼天文馆是哥白尼科学中心的一部分。作为波兰新生代文化机构的代表,它致力于唤醒公众求知欲,通过知识推动自我教育并发展社会对话。在哥白尼天文馆,不论白天黑夜,不分季节变换,总是少不了精彩的展览、表演、电影,还有美妙的音乐会来唤醒观众的科学热情。可以说,这不是一座普通的天文馆,它的"才华横溢",让业界拍手称奇!

2015年11月至今,哥白尼天文馆开设了"看,地球!"展览,供观众免费参观。展览中丰富的宇宙照片惊艳了人们。有关卫星数量、速度和高度的知识,拉近了人们与航天科技的距离,带领人们走近空间探索,意识到这些研究能够帮助人们观察气候变化,预测天气与自然灾害,感知人类活动引起的变化。

哥白尼天文馆的成人之夜活动提供非常有趣的节目和定制化的学习方式。当人们参观完展览,可以参加研讨会、讲座,与专家会面,或者观看电影、表演、音乐会,参加游戏,当然还有饮料助兴。此外,还为观众提供天空表演直播。2018年5月以来,成人之夜活动已先后举办了以运动为主题的"全速前进"、以机器人为主题的"机器和人"、以人工智能为主题的"超越机械"、以混沌为主题的"蝴蝶效应"等活动。

在哥白尼天文馆的剧目中,有两种类型的现场表演。第一种是短片,在电

影播放之前作为暖场,为即将观看电影的观众播放季节性的天空现象,如《火星3D》带领观众来一次火星之旅,向观众介绍人类如何为征服红色星球做准备,以及未来的火星殖民者将面临哪些困难。第二种由天文馆自主开发,需要单独购票,全程大约45分钟。现场通常会有两位主持人,一位介绍,另一位表演。这个节目互动性强,根据观众的反馈不断调整,也可以解答观众的问题,并谈论最新的天文创新。

利用独特的硬件优势,哥白尼天文馆分别在2018年8月和10月,上演了绚烂的音乐秀——《混沌与和谐》,展示了一个按算法创建的艺术世界。观众置身于美丽的三维图像世界,目睹星系壮观的碰撞,看到沉重而黏稠的水滴掉落在头上的大屏幕上。绚丽的数学结构演示中穿插着短片,呈现不太吸引人的日常生活画面,二者形成鲜明对比。这是一部以感官和情感为主题的电影,表明数学并非如想象般无聊和困难,有助于治愈人们的数学厌倦。

每周五19点,美妙的音乐会准时在哥白尼天文馆上演,有星夜音乐会、儿童音乐会、环绕爵士乐3种方式。

星夜音乐会称得上是古典音乐会,邀请音乐和天文爱好者参加。人们被天文馆圆顶上的画面吸引,沉浸在现代艺术家表演的钢琴曲中,有时候还可以欣赏到肖邦、巴赫、贝多芬的音乐作品。

儿童音乐会是极具互动性和最具吸引力的月度音乐会,为最年轻的观众量身定制。观众一边聆听钢琴、摇铃和鼓带来的精致而微妙的古典音乐,一边跟随天空画面探索太阳系的每一个角落,体验真正的宇宙之旅。

这里还有新奇的环绕爵士乐。来自天空和宇宙最偏远角落的图像为艺术家提供灵感,也让观众在爵士乐独特的节奏中欣赏到唯美插图。钢琴和小号的声音配合着宇宙主题;反过来,音乐家和他们的乐器也会影响观众在屏幕上看到的画面。

这就是"才华横溢"的哥白尼天文馆!无论是切题的展览,还是务实的对话;无论是特效电影,还是美妙的音乐会,抑或是绚烂的音乐秀,都充分挖掘

波兰哥白尼天文馆
"才华横溢"的新生代

自身优势，为观众呈现丰富多彩、别具一格的精彩活动，不炫酷不成活，让大家在艺术的氛围里感受科学的奇妙。

[作者系中国科学技术馆古代科技展览部（筹）助教]

参观提示

该馆地址：20 Wybrzeże Kościuszkowskie st., 00-390 Warszawa
该馆电话：0048-22-5964100
该馆网址：http://www.kopernik.org.pl/

捷克 Techmania 科学中心
让观众疯狂爱上科学

刘玉花　冯晓菁

　　Techmania科学中心（图1）位于捷克共和国（简称"捷克"）皮尔森市。这座老牌工业城市，以斯柯达汽车和皮尔斯啤酒闻名于世，品牌虽老，理念却很新。2005年，斯柯达投资公司和韦斯特恩·波希米亚大学在斯柯达厂房原址，共同创立了Techmania科学中心。后在欧盟等多家机构的资助下，

图1　Techmania科学中心外景（作者拍摄）

捷克 Techmania 科学中心

让观众疯狂爱上科学

该中心整体区域面积在 2014 年达到 30 000 平方米，而展厅面积也从最初的 3000 平方米升级到 10 000 平方米。

在捷克语中"mania"是"疯狂"的意思，科学中心的名字"Techmania"就是希望观众"通过参观科学中心能够疯狂地爱上科学"，这也体现了科学中心的展览教育与科学传播理念。

Techmania 的 3D 天文馆和"小球大世界"展区是最能吸引孩子们的地方，他们往往一边参观，一边发出惊叹。3D 天文馆内径为 14 米，有 90 个可调节座椅，投影分辨率达到了 4K。观众在此既能看到闪烁着 14 万颗恒星的宇宙的壮丽景象，又能近距离观看星系的精确模型，观察数十个星云和宇宙结构；还能进入神奇的微观世界，观察 DNA 或比较石墨、钻石的碳原子结构。目前，在欧洲只有 3 家科学中心安装了这种先进的 3D 投影技术，除 Techmania 外，另外两家分别位于华沙和巴塞罗那。

"小球大世界"展区的奇妙之处在于，观众会看到一个明亮的大"地球"悬浮在空中，轻轻触碰，就能对它进行控制与改变。它使用了直径为 1.7 米的先进球面投影技术，并使用了由美国国家海洋和大气管理局提供的数据，既能让观众清楚地观察龙卷风、地震这类极端自然现象的发生过程，又能让他们随着一只掉进海里的鞋开启一段神奇的旅程。展区 40 个座位经常被坐满，可见其受欢迎程度，Techmania 也围绕这个展品，结合学校课标为孩子们设计多个互动学习的教育方案。

除了这两个明星展区，Techmania 自主开发与馆外引进的各项专题展览也深受观众喜爱。其中大部分展览针对不同年龄段的儿童设计，他们在与展品互动时会调动所有感官，在快乐中收获知识、领悟科学。例如，"迷你科学"展专为 3～8 岁的儿童设计，通过大滑梯、乐器、万花筒、城堡等展品使低龄儿童熟悉声学、光学、斜面和滑轮机构等；"摩擦！"展（图 2）则面向 3 岁以上儿童，其设计概念是激发儿童对体育活动的兴趣，测试逻辑、记忆和运动技能，并积极主动进行大脑训练；"水世界"的目标观众是 6 岁以上儿童，它展示了自然水循环的原理，并帮助观众更好地了解流体力学；11 岁以上的儿童和成人则能体验"地下探秘"展（图 3），它展示了人与地质千丝万缕的联系，通过互动展品使观众了解人类对不同岩石矿物材料的应用。

馆游天下
全球科技馆里那些事儿

图2 "摩擦!"展的展品(作者拍摄)

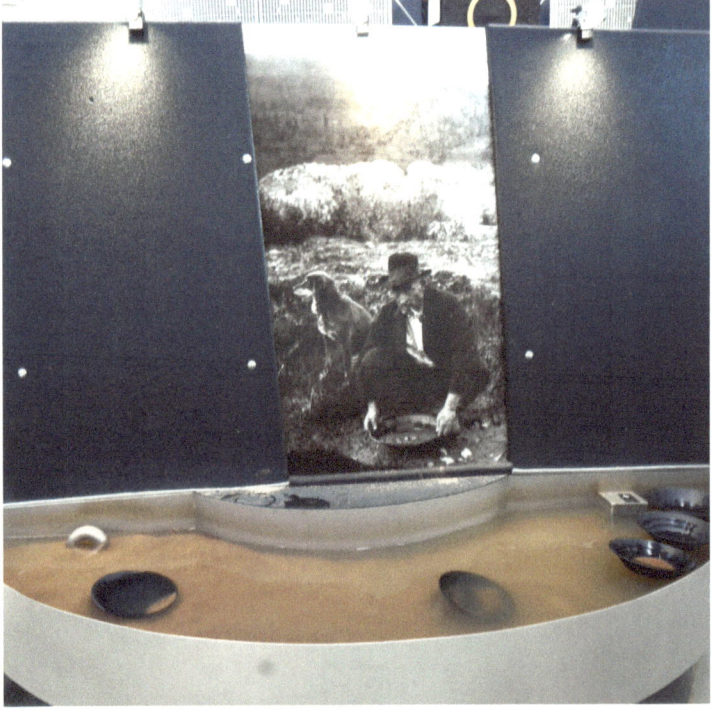

图3 "地下探密"展的展品(作者拍摄)

捷克 Techmania 科学中心
让观众疯狂爱上科学

值得一提的是，Tchmania 科学中心的这些专题展览在展厅里并未设置明显的空间间隔，而是采用不同色调进行区块划分。例如，"迷你科学"展的展品大多用高饱和度的鲜艳泡沫积木做成，整体色调明快艳丽；"摩擦！"展的展品大部分采用实木材料，整体呈现自然的原木色；"水世界"的展品则是海洋蓝搭配明亮的白色、橙色；而"地下探秘"展的整体色调是黑色，既符合地下矿藏的主体颜色，又为展览创造了一定的神秘色彩，更好地激发了观众的兴趣。

Techmania 科学中心以丰富的展览、有趣的互动，让观众沉浸其中，惊奇不已。它有明确的未来愿景：成为捷克学校和公众非正规教育的一个组成部分，以捷克领先的科学传播者的定位，促进捷克科学与技术发展，当然也包括让喜欢科学的观众继续疯狂下去。

（第一作者系中国科学技术馆科研管理部副研究员；
第二作者系中国科学技术馆资源管理部助理翻译）

参观提示

该馆地址：U Planetária 2969/1，301 00 Plzeň
该馆电话：00420-737-247585
该馆网址：https://techmania.cz/cs/

德国索林根伽利略天文馆
一只球罐的变身

贾 硕

在德国小城索林根市有一座已经运营 90 多年的民间天文台——索林根天文台。近年来由于城市产业升级和人口流动，原台址附近的居民逐渐减少，其附近的交通设施也在减少，于是 2004 年索林根天文台开始筹划在交通便利的新兴繁华区建造新馆。

新馆主体建筑包含天象厅和天文台，并创造性地将著名物理学家、天文学家伽利略（Galileo Galilei）的名字和天文馆（Planetarium）这两个单词合并，为新馆取名造了一个新词——"伽利略天文馆"（Galileum）。

理想很丰满，现实却很骨感。由于市政资金支持有限，赞助也拉得十分辛苦，建造新馆的钱总是不太够，正当索林根天文台一筹莫展的时候，他们突然想到索林根中央车站附近不正好有一只球罐吗？它和天文台的形状真像，能否改造利用呢？

1892 年，在这只球罐所在地建成了一个天然气厂，球罐就是天然气的储气罐。1935 年的时候，全索林根市曾建有 9 个这样的临时储气罐，储存了全市居民日消费量 60% 的天然气。2009 年，由于不再需要临时储存了，这些天然气的储气罐纷纷被关闭。这个位于城市繁华地段的储气罐直径为 26 米，完全可以将其改造成天象厅和天文台，而且由于其历史悠久，对它的改造还能作为工业遗产保护及再利用的样本，起到启发与教育后人的作用。

于是在 2010 年，索林根天文台委托瓦尔特·霍恩天文学协会面向全欧洲举行了有奖球罐建筑设计大赛。大赛要求参赛方案突出当地的工业属性和历史

德国索林根伽利略天文馆
——一只球罐的变身

背景，共有 21 家公司提交了设计草图，最终 4 家胜出。

天文台的最终设计方案综合了几家事务所想法，并于 2016 年 8 月开工建造。经过 10 多年的筹划，伽利略天文馆在 2019 年 7 月建成开放。观众们得以进入这神秘的球罐空间来体验隐藏其中的球幕直径达 12 米的天象厅，它装备了法国 RSA Cosmos 公司的数字天象系统和日本 GOTO 公司的光学天象仪，是世界最先进的天文馆之一。观众可以登录伽利略天文馆官网（http://galileum-solingen.de/），了解该馆独特的建馆理念和"不凡身世"，学习新鲜有趣的天文学知识。

在新馆建设过程中，其实还有一段小插曲。项目团队除需要克服资金不足、球罐改造要求苛刻等困难，还面临一个大挑战，那就是土壤严重污染问题。由于索林根市是工业城市，过去一百年的煤炭生产给其环境造成了严重污染，成为该市长久以来的痛。虽然 20 世纪 70 年代起该地区曾有过两次土壤改良，但成效不好，仍不适合建设场馆。在新馆施工过程中，建设者们做了完整的土壤分析。经过细致且耗时漫长的处理后，才总算清理干净被污染的土壤，为工程建设打下良好基础。

工业城市发展转型，曾因污染变得浑浊的天空恢复了晴朗通透，然而德国人并没有忘却这段历史，他们通过将球罐这个巨型工业遗产改造为新时代的天文馆，向市民传达了对之前发展模式的反思，也重拾起了大家对璀璨星空的向往。看到伽利略天文馆的球罐天象厅，就看到了这座城市的发展，也看出市民对这座城市历史和文化的认同。球罐承载着旧工业时代的辉煌与荣耀，也体现着新时代的技术智慧和发展理念，传承与创新并举。

（作者系中国科学技术馆影院管理部工程师）

参观提示

该馆地址：Walter-Horn-Weg 1，D-42697 Solingen
该馆电话：0049-212-432425
该馆网址：https://galileum-solingen.de/

瑞典国家科学技术博物馆
感受科学不分人群

沈 嫣

位于斯德哥尔摩的瑞典国家科学技术博物馆（Tekniska Museet）是该国最大的科技博物馆，展厅面积约1万平方米，收藏约5.5万件物品（图1）。当前的博物馆大楼于1936年开放，旨在保留和展示城市的技术和工业历史。近

图1 瑞典国家科学技术博物馆外观（作者拍摄）

瑞典国家科学技术博物馆
感受科学不分人群

年来，该馆在提升对观众的可及性，以及提供更舒适多样的参观服务方面做出了不少努力。

在吸引儿童与年轻观众这一方面，瑞典国家科学技术博物馆一直响应政府要求，致力于打造"所有小天才最喜欢的地方"。位于博物馆2楼的MegaMind就是为好奇的"小天才"设计的展览，旨在让儿童和年轻人有机会通过探索和尝试来训练大脑，把自己的想法转化成真正的创新，以提升他们的创造力和自信心。在这个展厅内，几乎所有的展项都是互动的，观众甚至可以尝试调动自身感官来激发创意。例如，在"用眼睛作画"展项前（图2），借用馆方与瑞典皇家理工学院（The Royal Institute of Technology）合作开发的"用眼睛画画"技术，计算机可以感知观众在看什么，这样他们通过眼神凝视就可以控制计算机并引导绘图工具，移动眼神即可作画。"用思想创造音乐"也是一个非常受欢迎的展项。在展项的乐器兼雕塑前，观众可以用它听到、看到、

图2 瑞典国家科学技术博物馆"用眼睛作画"展项（作者拍摄）

馆游天下
全球科技馆里那些事儿

感受到各种声音,并发挥自己的创造力把这些声音组合成自己喜欢的音乐。"另外一只眼睛看世界"展项则给观众提供了其他生物的视角:猫在黑暗中怎么看东西?人从任意方向接近一只苍蝇时,它看到的是什么?色盲患者眼中又是怎样一个世界?观众在MegaMind体验展项时,往往能在不经意间打开自己的"脑洞"。

不光要打开正常观众的"脑洞",一些特殊观众也在该博物馆的关注范围内。MegaMind在设计伊始就充分考虑了坐轮椅观众的视角问题,一些互动展项可根据轮椅上观众的实际高度,调整互动操作按键,让他们也可以轻松体验展项。对于视力障碍者,MegaMind设置了50个站点,每一个点都有数字标牌告诉观众相关科学内容,并且所有文本都可转换为语音,或者以较大字体和较强烈的颜色对比来缓解他们的阅读困难。而对于更小众的孤独症儿童和患有神经疾病的学生,MegaMind也制定了专门课程。

除了展品和展厅上的特殊设计,Tekniska还为这些观众提供了贴心服务(图3),譬如为视觉障碍观众提供免费私人参观助理或导盲犬以方便导览;提供放大镜和手套,便于文字浏览和展品接触。针对听力障碍的观众,安装了助听器感应回路,部分展厅内的文本还可以通过手语进行访问。对于推婴儿车和坐轮椅前来的观众,馆方在主入口设置了坡道和电动轮

图3 (左)为参观障碍人士设置的集盲文、语音转换、多语种的站点和(右)为推婴儿车、坐轮椅观众定制的坡道(作者拍摄)

椅升降机，并且标注了每个轮椅可通行路口的长与宽，同时还为年轻的爸爸妈妈提供婴儿车、婴儿背带租赁服务。

这些为特殊观众提供的细心服务，让瑞典国家科学技术博物馆于2017年获得了由斯德哥尔摩市颁发的圣朱利安奖（St Julianpriset），以表彰他们在工作中对保障身体障碍人士权益所做的努力。

为了方便网民的访问，该博物馆还不断完善馆藏的网络可访问性。例如，建设馆藏数据库，增加藏品的数字出版物、数字化成像；创建尽可能多的数字渠道和访问界面，数字博物馆（DigitaltMuseum）网页为观众提供藏品在线浏览功能，Europeana、Sketchfab、Internet Archive、Flicker等外部平台则可同步提供博物馆的馆藏信息；此外LIBRIS和Wikipedia上也能查到博物馆的信息链接。

瑞典国家科学技术博物馆在增加博物馆可及性的过程中，始终坚持对不同类型人群的关照，既纳入超前的观众意识，又在服务中不动声色地把温度传递给不同观众。

（作者系上海科技馆科学传播与发展研究中心助理馆员）

参观提示

该馆地址：Museivägen 7，Stockholm
该馆电话：0046-8-4505600
该馆网址：https://www.tekniskamuseet.se/

北美洲

NORTH AMERICA

加拿大皇家不列颠哥伦比亚博物馆
打通台前与幕后

江芸 任海宏 王丽 焦娇 吴丹

近年来,伴随着社会文化事业的发展和终身教育理念的深入人心,博物馆面向公众的教育功能被摆在了更加突出的位置上,而传统的以藏品为中心的研究功能日渐式微。然而,缺乏研究功能支撑的博物馆教育,如同无源之水、无本之木,很难健康地持续发展。如何打通台前与幕后,实现教育与研究功能的有机融合,是当代博物馆转型升级的必修课。

皇家不列颠哥伦比亚博物馆(Royal British Columbia Museum)位于加拿大不列颠哥伦比亚省的维多利亚市,由博物馆和档案馆两部分组成,其历史皆超过120年,被誉为加拿大最伟大的文化瑰宝之一(图1)。

图1 加拿大皇家不列颠哥伦比亚博物馆外观(焦娇拍摄)

该馆具有极强的研究传统和实力,但也同样面临新时代的挑战。该馆在面向5年规划的《2017年研究战略》中写道,"目前我们基于馆藏文物和档案开展了广泛的研究,内容涵盖植物学、动物学、古生物学、地球科学、考古学、人类学、社会历史、印刷、摄影和艺术史等。研究成果多样,但以针对学术读者的同行评议文章为主。目前,研究工作都是在幕后进行的,公众互动有限,周边产出有限,为了应对诸如集体智慧、知识共享等新兴的公民学习和知识获取需求,博物馆必须发展出一套新模式以适应时代发展"。

为此,该馆开展了一系列面向公众教育的研究实践。走进博物馆的主楼大厅,观众会发现一个小型展示空间——迷你展厅,这里专门把博物馆的幕后研究工作搬到台前,通过迷你主题展览让观众了解研究人员是如何将最初的创意变为最终的展览。2019年8月30日—2020年2月26日,迷你展厅开放了"发现不列颠哥伦比亚省山中的恐龙"展览,展现的是该馆古生物馆馆长维多利亚·阿伯的工作成果,她揭示了一种称作巴斯特(Buster)的小型食草恐龙的奥秘。据了解,迷你展厅定期更换主题,并对公众免费开放。它为该馆研究人员提供了一个直接向公众亮相的舞台,也为公众打开了博物馆神秘"后台"的大门,使公众可以走近研究人员,了解科学探究的真相,有效拉近了参观者与博物馆的物理和心理距离。

该馆每年还会举办"研究日"活动,以招待会的形式庆祝本年度的研究成就,并为观众和研究人员提供一个直接面对面交流的机会。此外,该馆官网对本馆研究人员、项目及成果、拓展资源等内容的分类和介绍可谓精细入微,体现出无比开放、坦诚的与同行和公众合作的友好姿态。

博物馆在展览教育活动中也充分发挥后台人员的能动性,把"打通台前与幕后"的理念发挥得淋漓尽致。这方面从其景点导览可见一斑——"快速穿过一条后台通道,跟着您的导游开始这次遍览实验室、密室和工作间的蜿蜒之旅。在'展览艺术和特效之旅'中,您将进入一间设计工作室,在那里观看工匠们是如何将概念图转换为充满整个房间的立体布景的;您可以深入了解管理员和工匠的故事;您可以碰到那些将展览和收藏呈现给我们的人;您可以了解博物馆运作的方式:把它当作一次真实刺激的探险。"

加拿大皇家不列颠哥伦比亚博物馆
打通台前与幕后

在强调以人为本的当下，将公众教育功能放在首位，是博物馆发展理念的进步，但作为博物馆看家本领的研究功能依然不可偏废，它为教育活动提供了丰富多彩的故事，乃至思想和精神的人文内核，是博物馆最可宝贵的资源。我国的博物馆、科技馆，或创造性发挥本馆传统研究优势，或为馆外研究者搭建连接观众的舞台，我们不妨在皇家不列颠哥伦比亚博物馆的启发下，积极迈出教育与研究融合发展的步伐，从而使面向教育的研究和基于研究的教育，相辅相成、相得益彰。

（本文第一作者系中国科学技术馆科普影视中心副主任）

参观提示

该馆地址：675 Belleville Street，Victoria，BC V8W 9W2
该馆电话：001-250-3567226
该馆网址：https://royalbcmuseum.bc.ca/

加拿大动态地球馆
感受镍都风采

侯易飞

18.5亿年前，一个直径10～15千米的陨石撞击了现加拿大安大略省北部的地面，形成了直径250千米的圆形撞击坑，岩石在冲击下熔化，而后结成了富含金属的火成岩层。这次偶然事件使这里成为世界上最大的镍产区，也造就了一座建在镍矿上的城市——萨德伯里。自1883年镍矿被发现以来，越来越多的人来此处采矿谋生，至20世纪50年代，萨德伯里市有超过40%的人口从事矿业工作。矿业为城市及市民积累了大量财富，但同时也严重污染了环境，坑洼的地面、林立的烟囱、肮脏的空气……给这里带来了"月球景观"的绰号。

近年来，萨德伯里市意识到环境保护的重要性，采取了一系列环境保护措施，如对周边因酸雨而遭到破坏的地区进行改造、矿坑回填、植树造林、土地复垦等，都取得巨大成功，成为被联合国表扬与推广的案例。昔日"丑小鸭"变成了"白天鹅"，萨德伯里市如今已是加拿大最美丽的自然景区之一，330个水质清澈的湖泊、5个优美宁静的省级公园，为市民们提供了划船、游泳、徒步、钓鱼、滑雪、野外宿营的休闲好去处。萨德伯里市如今的大气污染程度甚至远低于多伦多和汉密尔顿，成为安大略省的天然空调城。

历史给予了世人不容遗忘的深刻教训。1984年，人们在采矿遗址上建起了一座展示萨德伯里市地质特点与矿业发展的博物馆——动态地球馆，并在该馆大门附近竖起一个高9米、直径超2米、厚61厘米、重约13吨的加拿大1951年版五分硬币雕塑——"大镍币"。这座雕塑已被视为该市的地标，每一位到动态地球馆参观的游客，都会来此驻足观赏和留影，因为它不仅是一件

加拿大动态地球馆
感受镍都风采

性鲜明的艺术品，还体现了这座北方矿业城市的人民对往昔辉煌历史成就的缅怀和思考。

进入展厅，游客们就会看到一个巨大的黑色花岗岩地球仪，漂浮在薄薄的水面上。这个重约3吨的地球仪，用手就能轻易将它向任何方向转动，并查看上面的世界地图。而展厅的醒目位置展出了采自萨德伯里市的各种天然矿石标本。其中，一块4.1吨重的矿石最吸人眼球，这块矿石除含有镍元素外，还富含铜、钴、银、金、铂、钯、钌、铑、铱等金属元素，这表示该市的矿石不但产量高，质量也好。配合这些标本展示的还有萨德伯里市百余年的采矿史料，它们以萨德伯里市的成功转型案例，提醒人们时刻关注生态环境，保护地球家园。

动态地球馆的"地下矿井游"是最受观众喜爱的项目。在讲解员的指引下，游客带上安全帽就可乘电梯深入地下20多米，在废弃的矿井中完成一次1小时15分钟的地底探险。游客在这里会看到分别开采于100年前、50年前、现代的3个矿井巷道，观察坑道挖掘施工中掌子面的变化，体验矿工们在井下完成挖掘、爆破、装运等工作的全过程，了解不同时期的采矿设备和技术，还能在井下紧急庇护所中了解发生意外时矿工们能采取的自救措施。游览最后，观众可通过矿井邮箱寄出一张充满情怀的地下明信片，与亲友分享这次有趣的游览经历。

动态地球馆别出心裁的展示内容，充分展现了萨德伯里人对于自身的历史、地域特点的挖掘和对于资源优势的多样化运用，也体现着他们对于人类、环境和科学间关系的思考：从利用科学、单向汲取资源，到善用科学、反哺环境，达到人与自然的和谐发展。喜爱科学中心的你若有机会去安大略省，不妨到动态地球馆去看看，感受一下萨德伯里市的前世今生。

（作者系中国科学技术馆展览教育中心讲师）

参观提示

该馆地址：122 Big Nickel Road，Sudbury ON P3C 5T7
该馆电话：001-705-5223701
该馆网址：https://www.sciencenorth.ca/dynamic-earth

美国加州科学院和探索馆
绿色的科技馆

莫小丹

　　温室气体排放和全球气候变化，是引起全球长期、广泛关注的热点问题；公众对环境意识的觉醒和生活品质的需求，是环境保护的基础和动力。加强公众对气候变化问题的科学认知，有益于低碳理念、节能减排政策和相关科学技术的开发、推广和应用。科技馆通过引导公众关注能源问题，提高环境意识，鼓励公众更明智地做出保护环境的选择，有助于促进2030年可持续发展目标的实现。美国加利福尼亚州的两座科技馆——加州科学院（California Academy of Sciences）和探索馆（Exploratorium）是这方面的先行者，不仅在建筑工程设计、施工、运行的各个阶段采用多项节能技术，降低能耗和运营负担，还通过主题教育活动向公众传递节能理念，激发公众环保意识。

　　作为可持续发展建筑的杰出代表，加州科学院新馆由著名的建筑师伦佐·皮亚诺（Renzo Piano）负责设计，2008年起对外开放，新馆建筑面积3.7万平方米，常设展览面积约1.1万平方米。新馆与金门公园这座城市绿洲完美融合，成为世界上首个获得《绿色建筑评估体系》（LEED）能源与环境设计先锋奖"设计和建筑工程"和"现有建筑：运行维护"双铂金级认证的建筑，为科技馆建筑的能效和环保树立了新的标杆。加州科学院最为人津津乐道的是它的绿色生态屋顶，真正做到了建筑与自然的和谐共生。屋顶超过2/3的表面覆盖着70多种植物，并配有说明牌，可收集雨水，减少热岛效应和空气污染，为鸟类和其他动物提供食物和栖息地。绿色生态屋顶配有雨量、温湿度监测系统，可以根据大气数据调整天窗开合，维持最宜人的室内温湿度，减少对空调

美国加州科学院和探索馆
绿色的科技馆

的依赖,实现了天然的冷热调节。此外,该馆鼓励员工和观众低碳出行,70%的员工选择公共交通、自行车或步行通勤。

探索馆的原址位于旧金山市艺术宫,由于展览展品、观众量不断增加,且艺术宫场地无法满足扩建需求,探索馆募集了3亿美元,对旧金山市内河码头15号、17号仓库进行改建。新馆建设于2006年启动,2010年动工,2013年对外开放,占地3.6万平方米,建筑面积2万平方米,常设展览面积约7000平方米。新馆建设并不是简单的推倒重来——对旧建筑进行改造,而是应在减少产生无法消化的建筑垃圾的同时,确保有利用价值的建筑结构和设施能够继续发挥作用。应采用可循环、可再生、低挥发性有机材料,降低资源消耗与环境破坏。新馆建成后,提出了"场馆运行零能耗"的目标,尽可能减少建筑的碳排放,采用多项节能环保新技术,积极探索实现可持续发展的途径。其中,关键技术包括:屋顶装备130万瓦的AC太阳能发电系统满足全馆用电需求;安装热交换系统和地热系统,利用热交换器循环旧金山湾区海水,铺设辐射地板和特殊材质玻璃,有效调节室内温度,减少空调使用。屋顶和内墙设计充分考虑自然光的利用,减少灯光使用。其出色的建筑设计获得了2014年LEED最高级别——铂金级认证;2016年被美国建筑师协会(AIA)评为年度十大可持续建筑项目,被美国博物馆联盟授予可持续卓越奖(SEA)。

为向公众介绍节能低碳的重要性,两家场馆也充分利用主题展览和教育活动开展宣传推广,实现经济效益、社会效益与环境效益的高度统一。加州科学院组织主题教育活动,为教育工作者提供关于家庭能源、绿色建筑、能源评估和生态屋顶为主题的工作坊,向公众普及绿色建筑与可持续发展理念。探索馆开发主题展览与教育活动,全面揭示新馆建设和运行过程中所采用的各项环保技术,成为旧金山当地积极改造和探索生态文明建设的生动案例。

为何身处加利福尼亚州的两座科技馆在建造新馆的计划中,都将环保作为首要目标,尽可能减少场馆的碳排放呢?这大概能反映出时代的变化,以及科技馆正确把握自身发展方向,与时俱进、大力推进生态文明,以及对科学、人文与自然和谐共处的不懈追求。科技馆建筑采用节能环保新技术既有利于缓解环境问题，又可以向公众普及绿色建筑与可持续发展理念，可谓一举多得，值得我们思考借鉴。

（作者系中国科学技术馆科研管理部助理研究员）

参观提示

该馆地址：Golden Gate Park，55 Music Concourse Drive，San Francisco，CA 94118（加州科学院）
Pier 15（Embarcadero at Green Street），San Francisco，CA 94111（探索馆）

该馆电话：001-415-3798000（加州科学院）
001-415-5284444（探索馆）

该馆网址：https://www.calacademy.org/（加州科学院）
https://www.exploratorium.edu/（探索馆）

美国旧金山探索馆
铺平女孩的科学探索之路

刘 琦

"我站在科技馆里，努力去找好玩的地方，可就是找不到。虽然我尽力去弄明白每件展品，可离开的时候，却感觉疲惫和沮丧。偏偏父母还认为我走马观花，无心学习，他们让我以后别再和哥哥来科技馆了"。这是美国旧金山探索馆在做观众访谈时，一个名叫爱丽丝的小女孩说的话，真是让人感到无奈又心酸。

不可否认，科技馆在激发人们的STEM（科学、技术、工程、数学）兴趣方面发挥了重要作用。然而，越来越多的研究人员却发现女孩和男孩在参观科技馆时的表现存在明显差异，女孩不像男孩那样享受参观之旅，她们往往对馆内物理、工程等方面的展品"敬而远之"，花在这类展品上的时间也极为有限。

是女孩天生就和科学绝缘，还是我们没有把科学变成女孩喜欢的模样？探索馆决心找出背后的原因，并提出解决之道。

他们精心设计了一个研究方案：首先梳理出55个可能会吸引女孩参与STEM展品或教育活动的设计特点；然后在探索馆、亚利桑那科学中心和明尼苏达州科学博物馆挑选出334件涉及物理、工程、数学、感知等方面知识的展品，它们通常会具备一项或几项以上所说的设计特点；最后随机抽取450名8～13岁的女孩进行观察与访谈，了解她们的参观体会，希望从中找出对女孩最有吸引力的展品的设计特点。

功夫不负有心人。探索馆的研究人员发现了以下9个最能吸引女孩体验展

品的设计特点。在展品说明牌方面：运用绘画和采用人物形象；在展品的呈现形式和感觉方面：贴近女孩熟悉的物品，能给她们带来或舒适、精美，或幽默、有趣的感觉；在与展品互动方面：具有多操作台、能容纳 3 人以上的空间、可观看其他人互动、开放式的体验过程等（图1）。

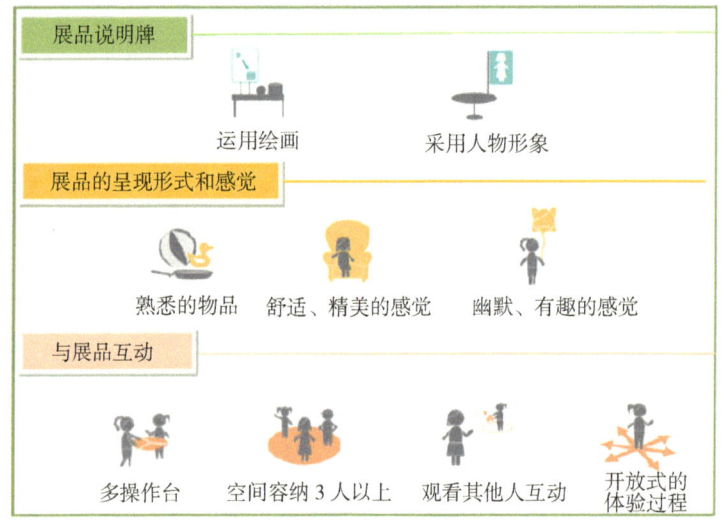

图1　9个最能吸引女孩体验的设计（作者提供）

例如，探索馆的"热摄像机"展品。观众可通过热像仪看到自己身体的热成像，而热像仪对面摆放了一条至少可坐 3 人的长椅，长椅后面则是等待互动的观众排队区域，这样的设计颇受女孩欢迎。因为它具有宽敞的互动区域，可以容纳多名观众同时体验，这时还有一人临时扮演"引导者"角色，带着大家一起互动，而其他人则可观看操作，随意交谈，发表看法。

研究人员还发现，展品具备上述设计特点越多，就越能吸引女孩参与。例如，一件让观众通过拔河比赛，体验各种力的作用和运动特性的展品——"巨型杠杆"，它具备了 8 种设计特点，如用图示和人物形象阐明互动方式的说明牌；采用人们所熟悉的游乐场风格的绳子；用经典狂欢节铃声做成体验音效；观众临时组成两个拔河比赛团队；等候体验的观众不仅可以观看互动，还可以

美国旧金山探索馆
铺平女孩的科学探索之路

加油鼓劲；开放式的体验，观众可自由选择拉绳子的角度和远近，因此无论拔河结果如何，没有唯一正确答案等。毫无悬念地，"巨型杠杆"成了亚利桑那科学中心最能吸引女孩参与的展品之一，无论是互动次数、驻足时间，还是重复参观率都超过了其他展品。

可见，性别差异并不是科学求知路上的绊脚石，如果能用女孩视角重新编写科学探索剧本，她们也能在这条路上看到更美的风景，走向更宽广的远方。探索馆的研究也让我们感到科技馆需要以更加包容的心态面对受众的多样性，因为在科学传播的道路上，任何人都不应该被落下。

（作者系中国科学技术馆科研管理部助理研究员）

参观提示

该馆地址：Pier 15（Embarcadero at Green Street），San Francisco，CA 94111

该馆电话：001-415-5284444

该馆网址：https://www.exploratorium.edu/

美国波士顿儿童博物馆
"玩"出来的力量

吴 莎

在美国波士顿国会大街的码头上,原本一个羊毛仓库的所在地,而今矗立着美国历史最悠久的博物馆之一——波士顿儿童博物馆(图1)。1913年,波士顿儿童馆在 Pine Bank 迎来了它的第一批客人。1936年,随着规模的不断扩大,它又迁至 Mitton house。1979年搬入了 Museum Wharf,就是今天博物馆

图1 波士顿儿童博物馆(作者拍摄)

美国波士顿儿童博物馆
"玩"出来的力量

的所在地，与交通博物馆共用一栋建筑。2007年，该馆改造和扩建后以全新面貌与观众见面，其改造工程还获得了能源与环境先锋奖的金奖。

历经百年的波士顿儿童博物馆一直秉承着一个宗旨：玩中学。爱因斯坦曾说过：玩是最高级的研究。玩是孩子探索世界的手段，但它的复杂性和重要性却常常被低估。波士顿儿童博物馆凭借充分挖掘"玩"的潜力，成为众多幼儿教育工作者心中的圣地。

波士顿儿童馆建馆之初以静态藏品的展示为主，引导儿童和青少年观察标本和文物，帮助他们形成对事物的理解。而今天，走进波士顿儿童馆，就会看到孩子们在高大的展品间攀爬、用各种工具制造泡泡、在"日本屋"里学习日本工艺……波士顿儿童博物馆像一个儿童乐园，但又不只是一个儿童乐园。波士顿儿童博物馆对"玩"的理解经过数十载的探索实践不断加深和扩展。

20世纪30年代，波士顿儿童博物馆的户外俱乐部给了孩子们接触大自然的机会，让他们置身于探索冒险中。1964年，随着"里面有什么"展区的开放，波士顿儿童博物馆发起了一场博物馆革命——撤出了"请勿触摸"的标志，开创了以参观者为中心的、动手操作的展览与活动。现在，这种"以参观者为中心、动手操作"的模式在世界各地的博物馆中随处可见。1976年，博物馆开放了第一个体验展区"如果我不能……"，让孩子戴上眼罩，模拟盲人参与活动，帮助孩子切身体验残疾生活。1978年，"游戏空间"面向5岁以下儿童和家长开放，让孩子和家长能够一起玩耍和学习。始于1988年的"泡泡"展区对今天的小朋友依然充满着吸引力。穿上了博物馆提供的防水服，他们可以毫无顾虑地玩泡泡、制造泡泡、破坏泡泡。博物馆还为家长对孩子的引导提供帮助，如"泡泡是什么？""泡泡的颜色从哪里来？""泡泡为什么是圆的？"这些在"泡泡"展区随处可见的小贴士，让家长用问题启发孩子思考，以问题回答孩子的问题，培养孩子的思考能力。2006年，博物馆与麻省理工学院认知科学系合作的"玩耍实验室"面向婴幼儿开放，邀请婴幼儿通过"玩"参与认知发展研究。

如今电子产品泛滥，使孩子们沉浸于被动活动中，忽略了玩乐的参与性与社交性，孤独、焦虑、肥胖、暴力等负面影响也随之而来。波士顿儿童博物馆

馆游天下
全球科技馆里那些事儿

认为玩与学、健康、语言学习、社会情感、创造力、文化差异密切相关,玩能够让孩子重拾自信、相信他人、建立友谊、增强安全感。与研究人员的密切合作让波士顿儿童博物馆"玩"的能量不断积聚。其多感官的、可动手操作的、活跃的、以儿童为中心的环境,为孩子们提供了独特的玩耍机会。孩子们从这里出发,自由和快乐地探索,学会控制恐惧,学会与他人一起玩,这种正面向上的心态让他们能够更积极地投身于真实的世界与生活中。

(作者系四川科技馆展览教育中心馆员)

参观提示
该馆地址:308 Congress Street,Boston,MA 02210
该馆电话:001-617-4266500
该馆网址:https://www.bostonchildrensmuseum.org/

美国坦帕科学工业博物馆
走心"小馆"同样精彩

庞晓东

在博物馆众多的美国，偏居佛罗里达州坦帕市的坦帕科学工业博物馆（Tampa's Museum of Science & Industry，MOSI）实在算不上什么有名的大馆，但是作为理念先进、设计精巧、活动丰富的"走心"小馆，它同样精彩。

该馆始建于1962年，最初叫科学历史博物馆，1967年改为希尔斯伯勒县博物馆。从1976年开始，依托其前身拥有的宝贵文物资源，借助坦帕科技和工业增长，以及毗邻南佛罗里达大学的优势，建成了现在的坦帕科学工业博物馆，并于1982年起向公众开放。该馆的主场馆是一个四层建筑，展览主要在一至三层，共有400多件可动手操作的展品。展厅有五大主题：挑战你的感官、探索太空、人体与健康、世界是怎么运行的、触摸未来。五大主题下又分为27个小主题区域，如MOSI夏季游戏、球幕剧场、儿童科学中心、天空绳索步道、想象力公园、3D打印、蝴蝶园、飓风模拟等。坦帕科学工业博物馆也是STEM教育理念的践行者，即开展丰富多彩的科技教育活动，致力于使不同年龄和背景的公众都能享受科学，从而改变人们的生活。

该馆的"走心"具体体现在以下3个方面。

一是展品的设计精巧、独具匠心。它的展品除了专门设计的展项外，还有实物、标本等。大部分展品有共同的特点：体积偏小，生动形象，注重科学原理的直观展示。例如，电磁展区的磁悬浮列车（图1），展品底面由一排标有S极和N极的磁铁组成，磁铁是固定的，N极朝上，S极朝下；在展品的内部，同样有一排标有S极和N极的磁铁，但放置的方向刚好相反，

馆游天下
全球科技馆里那些事儿

图1　展品磁悬浮列车（作者拍摄）

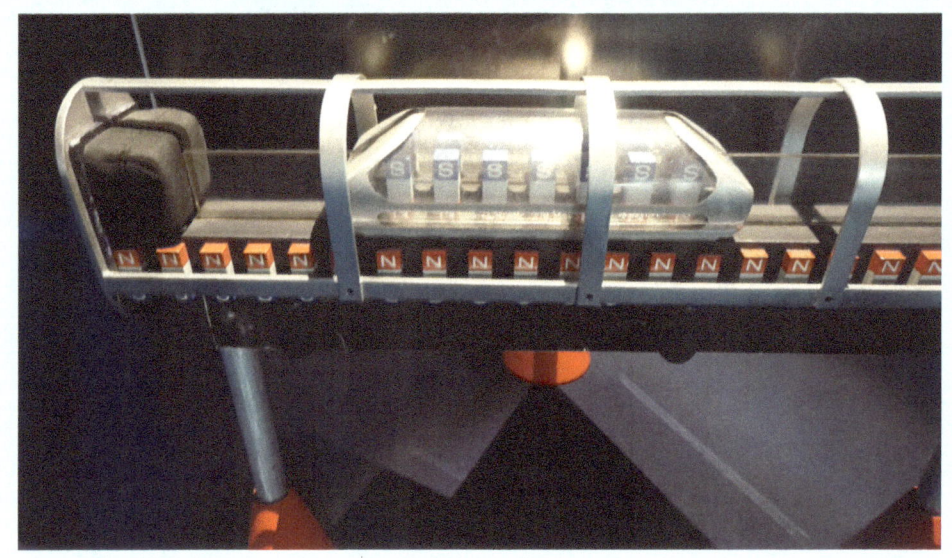

N极朝下，S极朝上。由于同性相斥，小车被浮在了半空中。这件磁悬浮列车展品小巧简单，但十分生动地将磁悬浮列车的核心科学原理展示出来。观众能清楚地看到车与底面之间的悬浮距离，可以触摸到车辆，让车辆前进或后退。

二是注重科学与艺术的结合。科技类博物馆的说明牌不生动是一个"老大难"问题，大部分场馆的说明牌和图文板上，只是对展品操作步骤、原理的简单罗列，显得十分乏味，而这里的不少说明牌加入了艺术元素，图文板注重故事化、艺术化。用简笔画指导操作，用故事说明原理，非常生动形象。例如，在介绍3D打印时，有幅图文板讲述了3D打印的应用，其中有一个杜德利小鸭的故事。故事中说道：一只叫杜德利的小鸭，不幸被一群愤怒的小鸡追逐，失去了一只脚。在当地一位工程师的帮助下，杜德利获得了一个新的3D打印的假肢。图文板把3D打印技术的应用介绍得生动形象，不仅看上去很亲切，而且可以轻松让观众了解了3D打印的应用（图2）。这种故事化、艺术化的

美国坦帕科学工业博物馆

走心"小馆"同样精彩

图2 故事化、艺术化的图文板（作者拍摄）

展示方式，比单纯的科学知识介绍，更容易让观众接受。尤其对低龄观众，这种方式更加合理。科学知识是直白的、严谨的，而艺术却是生动的、活跃的。艺术化的科学，让科学充满灵感与活力。

三是合理利用室外自然空间。坦帕科学工业博物馆室内展厅面积不大，但是室外很开阔，环境优美，他们充分利用室外空间，设置了许多活动和科普设施，让观众在阳光下感受科学的气息。

这种设计随处可见，如该馆在停车场和主展厅之间种了17棵不同品种的树，这里被称为 Richard T. Bowers 历史树林（图3）。这17棵树种植于1996年，树苗来源于著名的人物或历史事件所在地。每一棵树，都对应着历史上一个重要的人或事件。漫步在宁静的树荫下，能感受到历史、文化与科学是一个有机的整体。

图3 Richard T. Bowers 历史树林(作者拍摄)

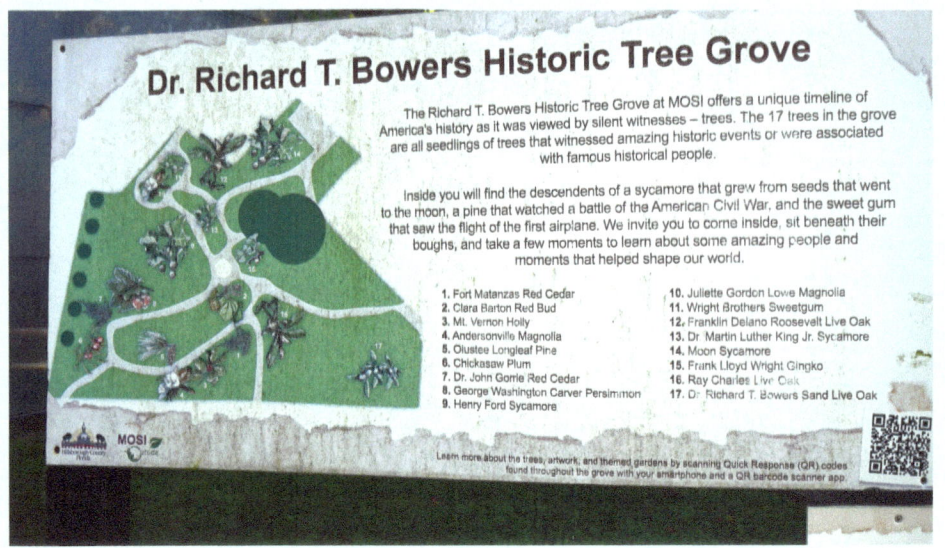

(作者系时任中国科学技术馆副馆长,现任中国科学技术协会科学技术普及部副部长)

参观提示

该馆地址:4801 E. Fowler Avenue,Tampa,Florida 33617
该馆电话:001-813-9876000
该馆网址:https://mosi.org/

美国拉布雷亚博物馆
凝固历史　解密黑金

刘　巍

提起"天使之城"洛杉矶，多数人会想到大名鼎鼎的好莱坞环球影城、曾16次获得NBA总冠军的洛杉矶湖人队，还有66号公路的终点——浪漫的圣莫尼卡海滩。其实在繁荣的文化景观和迷人的自然风光背后，洛杉矶很容易被人们忽视的是，它是一座还处于开采中的石油城，并且石油的单位储量是中东地区的十几倍，它的油多到会时不时从地表渗出，形象诠释了"富得流油"。这些不断从地底冒出的黑色财富，甚至还在洛杉矶城中造就出一座神奇的博物馆——拉布雷亚博物馆（George C. Page Museum La Brea Discoveries）。

该馆所在的拉布雷亚地区有多条地壳裂缝，大量石油从中渗出，经日晒蒸发后形成100多个沥青坑，经过的动物一不小心就深陷其中不能自拔，久而久之变成了化石，人们因此也常称之为"沥青坑博物馆"。目前此处已有超过350万件化石标本被挖出，其中大部分可追溯到晚更新世，它们在默默向观众讲述着过去5万年间的生态变迁故事。

不过，千万不要仅把拉布雷亚博物馆视为一座科普场馆，它其实还是一个集发掘、研究与展示为一体的科研机构。它展现给观众的不只是化石研究的结果，更重要的是供职于此的科学家们进行研究的过程。

对拉布雷亚博物馆的参观是从馆外公园开始的。在公园中，观众会看到一个个冒着黑色气泡的沥青坑。由于沥青黏性很强，时至今日仍有粗心的小动物陷入坑内，人若掉进去也非常麻烦，因此馆方特意用铁丝网将其与观众隔开，并挂上了"危险"的标志。参观的第一印象便由此确立——这里罕见的地质特

馆游天下
全球科技馆里那些事儿

征为科学家们保留下大量古生物研究证据。

进入馆内,丰富的生物化石标本让观众应接不暇,哥伦比亚猛犸象、美洲狮、美洲野牛、骆驼、剑齿虎、恐狼、秃鹫、地懒、野马等骨骼化石都是具有代表性的藏品。一个巨大的玻璃展柜展示了404只恐狼头骨(图1),堪称该馆的明星展品,让每一个站在它面前的人都感到震撼,而这仅占该馆恐狼头骨发掘总数的约1/5。

为了让观众,尤其孩子们理解科学家们的现场发掘工作,拉布雷亚博物馆在设计时就将91号坑纳入馆内,观众可站在高处透过玻璃墙观察正在坑内发掘化石的科学家们。观众可以看到他们如何在坑顶拉出用于化石定位的网格绳;看到他们如何设置基准点,用来记录骨骼化石发现时的深度;看到他们如何根据化石周围的岩石和污垢来选择发掘工具——在没有化石的硬土区使用锤

图1 拉布雷亚博物馆的明星展品:恐狼头骨墙(作者拍摄)

美国拉布雷亚博物馆

凝固历史　解密黑金

子和凿子，而在化石附近，则使用牙医工具细心敲挖。

每个坑中出土的化石随即会被送到博物馆的化石实验室做进一步清理及分类。化石实验室就建在展厅中，观众隔着一圈长长的环状玻璃墙，可以清楚地看到古生物学家们的工作过程（图2）。他们在这里对大型化石取出后的围岩做二次清理，从中挑出昆虫、植物、碎骨等微小化石。

可不要小瞧这些细微之物，它们告诉世人的信息一点也不亚于大型动物的骨骼化石。因为除了自己失足陷入的动物，沥青坑里还有随风飘进的花粉、种子与树叶、被河水冲入的鱼、意外被沥青黏住的昆虫，正是通过它们，古生物学家们才能推测建立当时的生态系统模型，了解生物之间的相互关系和食物链结构。例如，科学家们能靠食草动物牙齿化石上的植物碎片了解其食物来源，也可以凭借沥青坑中发现的只能生长于寒冷地带的植物化石，推断当时此地气

图2　一位小观众正在化石实验室外认真观察古生物学家的清理工作（作者拍摄）

温和哺乳动物们身上皮毛的厚度。

  在拉布雷亚地区，始于1905年的发掘仍在继续。古生物学家们的下一个大型研究任务是2006年在附近新发现的16个化石矿床，这是世界已知最大的冰河时期化石坑。他们初步发掘出的化石材料已装满23个大木箱，所以被称为该馆的"23号工程"。除了这些木箱，还有327桶现场抽出的沥青需要处理，拉布雷亚博物馆的科学家们相信随着更多古生物证据的面世，他们一定能描绘出更加完整、细腻的晚更新世北美古生物生活画卷。

（作者系中国科学技术馆科研管理部副研究员）

参观提示

该馆地址：5801 Wilshire Blvd., Los Angeles, CA 90036
该馆电话：001-213-7633499
该馆网址：https://tarpits.org/

美国纽约科学馆
人人皆创客

邵 航

1964年，为了庆祝纽约市建市300周年，纽约市政府在皇后区举办了盛大的世界博览会。博览会的主题是增加理解促进和平、人类在宇宙时代的成就，呼应了当时全球对"世界安全"和"太空探索"两大话题的热切关注。展会结束后，太空馆及其展品被保留下来，改造成纽约科学馆。

如今，纽约科学馆经过多次改造扩建，已被视为当地知名的文化地标。同时，它也早已不满足于当初科学幻想的展示定位，而是秉持"设计、制作、游戏"的教育理念，积极配合美国STEM和"国家创新"教育战略，成为当地少年儿童接受创客教育的重要阵地。

自2010年以来，纽约科学馆每年都会举办盛大的"世界创客大会"，这是发明、创造和灵感相互碰撞的盛会，尤其吸引亲子家庭参与。围绕科学、电子工业、现代技术、工具等主题，来自全球的创客会带来几千件展品，还有精彩的科学表演秀及大型艺术装置，能让观众沉浸在浓厚的创客文化之中。经过近10年的运营后，"世界创客大会"已经成为全球规模最大的创客集会，2014年的参与人数更是超过了85 000人，除主会场外，还有98个分布在世界各地的卫星会场，分别设在东京、罗马、奥斯陆、圣地亚哥等地。

馆游天下
全球科技馆里那些事儿

错过了"世界创客大会"也不要紧,纽约科学馆的辅导员老师根据不同观众特点,依据4D(解构、发现、设计/制造、展示)原则,结合STEM教育课标,在场馆内设计了丰盛的创客教育活动大餐。

"小小创客"项目适合年龄较小的孩子和家长一起参与。他们不仅可以用塑料瓶、吸管等回收材料来设计和制作属于自己的小昆虫模型,并探索昆虫的栖息地;还可以通过手电筒、棱镜等工具探索光和颜色的奥秘,变身快乐的"阳光捕手";更能够将软木塞、硬纸板等熟悉的材料放在水中,观察它们下沉、上浮的情况,验证自己对于物体浮力的推测。

低年级的小学生则可参加该馆每年举办的"设计—制作—游戏"创新夏令营。他们在一周内可以通过展览参观及互动活动探索,认知科学、技术、工程、数学的概念,并学习解决问题和沟通的技巧。例如,在"空气游戏"活动中,孩子们会亲自动手探索空气和空气压力的特性;仔细观察鸟类的翅膀和被风吹散的种子,探索某些动物和植物是如何在空气中移动的;还会在老师的带领下设计并制造滑翔机、瓶子火箭和氦气球,以此探索空气是如何影响人造飞行装置的。

对于更高年级的学生则有不同种类的创客工坊供他们选择参与。馆内设有设计实验室,在设计实验室内他们需使用给定的原材料,做出自己的设计方案,完成实验室的任务,如用PVC管搭建互相联系的结构。在此过程中,学生们必须像科学家和工程师一样进行头脑风暴,通过沟通讨论、默契合作才能做出富有创造性的设计方案。该实验室也会根据观众的反馈定期更换任务清单。

在馆内参与过各种创客活动还不过瘾怎么办?不用愁,纽约科学馆在官网免费提供了由馆内资深创客教育辅导老师撰写的DIY活动指南,手把手教观众如何在社区中建造创客空间,以及如何把自己家的车库、厨房,甚至是卧室改造成家庭创客"基地"。

纽约科学馆的创客教育体系完备、理论清晰,完成了"从馆到社区到家到个人"的全方位覆盖,在它的理念中,无论是孩子还是成年人,无论

美国纽约科学馆
人人皆创客

是学生还是老师，只要他们对有趣的事情进行思考、创新并制作，那么人人皆创客。

（作者系中国科学技术馆展览教育中心助理研究员）

参观提示

该馆地址：47-01 111th St., Corona, NY, 11368
该馆电话：001-718-6990005
该馆网址：https://nysci.org/

大洋洲

澳大利亚墨尔本科学展览中心
让旧物重获新生

李 勇

在澳大利亚墨尔本的布克街 2 号,有一座白灰相间、外搭钢筋骨架的工业风建筑,这就是最受当地孩子们欢迎的墨尔本科学展览中心(Scienceworks)(图 1)。该馆于 1992 年 3 月 28 日开馆,除了不断开发更新的展览外,它还

图 1 墨尔本科学展览中心外观(作者拍摄)

巧妙利用各种旧有设备、设施，将自身与墨尔本的产业、传统与应用技术融为一体，在带领观众们一起探索各种科学秘密的同时，也用一件件旧物让观众了解城市过往，思考家园未来。

"闪电屋"是墨尔本科学展览中心最受孩子们欢迎的大型科学演示项目。自2004年以来，每天4次、每次长达30分钟的现场表演内容十分丰富，极具趣味性和知识性。孩子们可以在表演中目睹200万伏特斯拉线圈制造出3米高的闪电，此外还有雅各布天梯、范德格拉夫起电机的静电发生演示。与其他科技馆的小型化展品不同，闪电屋选择了大型演示设备，因此现场观看会更为震撼。值得肯定的是，其所用的高压设备是在澳大利亚电讯公司关闭实验室时转赠而来，是一次成功的"旧物再利用"。

该馆的另一个明星展品也是旧物。为了让观众了解当地污水的处理过程，他们将建于1897年的施波特伍德水泵站也融入展区之中。这个水泵站的建立和当年墨尔本流行性斑疹伤寒症的大规模暴发有关。由于疫情严重，墨尔本城市工程委员会决定立即修建污水排水系统，把废水引至30千米以外的威勒比区再行处理。施波特伍德水泵站在污水排放过程中则发挥了提升水位的作用。如今在这个展厅里，观众可以在专家的带领下现场参观散发着异味的污水井和保存完好的机房，了解该水泵站的过往轶事。这种独一无二的"全身心"体验，让人印象深刻。

而墨尔本科学展览中心的镇馆之宝无疑是大墨尔本天文望远镜（Great Melbourne Telescope）。它曾是世界第二大、也是南半球最大的望远镜，镜面直径达1.2米，不过作为19世纪墨尔本的重要标志，它却命运多舛。

1868年其被造于爱尔兰都柏林，然后被拆解运送到墨尔本天文台。1869年安装调试后，该望远镜已被用于多个研究项目。1944年，由于墨尔本天文台的关闭，它被迁往堪培拉的斯特罗姆洛山天文台。不过可惜的是，2003年的一场森林大火不但烧毁了那座天文台，还把大墨尔本天文望远镜烧得几乎只剩下了铸铁骨架。其后，骨架被运回墨尔本。2008年，维多利亚州天文学会、维多利亚博物馆和墨尔本皇家植物园签署协议，启动对望远镜的修复工作，并计划修好后将其放在墨尔本天文台旧址，为孩子们提供天文学教育，并满足当地公众的天文观测需求。

澳大利亚墨尔本科学展览中心
让旧物重获新生

目前该天文望远镜的修复工作还在墨尔本科学展览中心进行。在每周二和周四，观众可现场观看志愿者们的修复工作。由于零件缺失严重，为了采用与原件相似的材料和制造技术，整个修复工程的工作量巨大，工作人员绘制了1000多幅工程图，召开了500多场专题讨论会，工时达3万小时。该项目还在网上招募具有机械工程、机器制造和熟练掌握CAD绘图技能的志愿者，希望能凝聚力量，早日完成此项工程。

这个项目的专属网站为https://greatmelbournetelescope.org.au，感兴趣的公众可以随时上网查看修复进度，也能通过网上申请成为它的志愿者。

墨尔本科学展览中心对旧物的珍视，能让公众对本地科学发展的过去与未来形成更加完整与清晰的认知，还有它对待策展工作不浮躁不功利的态度，都值得我们借鉴。

（作者系中国科学技术馆后勤保障部助理工程师）

参观提示

该馆地址：1500 E. Main St.，Ashland OR 97520
该馆电话：0061-541-4826767
该馆网址：https://scienceworksmuseum.org/

澳大利亚昆士兰博物馆
像科学家那样思考与实践

刘 琦

昆士兰博物馆坐落于昆士兰美丽的布里斯班河南岸（图1），它集自然博物馆和科学中心于一体，主体建筑共分为四层，一层是科学中心，二层、三层、四层是自然博物馆，主要通过动物标本和历史文物展示昆士兰州自然、历史变

图1 昆士兰博物馆夜景（作者拍摄）

迁和文化遗产。昆士兰博物馆充分利用自己的馆藏和展览资源，鼓励、引导公众像科学家一样去思考和实践。

一层的科学中心面向6～13岁的中小学生，共展出40件物理学、数学经典展品。这些展品的陈放并非杂乱无章的，而是按照人类意识发展的一般过程，分布在"认识世界""感知世界""改造世界"3个主题展区中。其中，"认识世界"展区探究世界如何运转，包括物质运动、能量转化等；"感知世界"展区介绍了不同人、动物对世界不同现象的感知方式和能力，如对声音和光的感受等；"改造世界"展区聚焦于我们如何改变世界，以及这些改变对世界的影响。展区展示脉络清晰，主题层层递进。

展品除了生动展示科学现象外，还尤其注重展现科学探索与发现的过程，与展品的互动是从操作、提问、测试、观察、交流到再次提问的闭环过程，通过不断改变单一变量，观众可以亲自测试自己的设想是否可行，找到最优方案。例如，"飞行测试"这件展品，旨在引导观众探索力、能量和物体结构之间的关系。观众用纸设计制作一个飞行器，并在垂直风洞中进行测试。在此过程中，他们可以观察飞行器如何在气流中运动、风速的变化对飞行的影响，还可以通过不断调整飞行器的结构进行优化。"重力运行"这件展品则引导观众使用一系列管道、齿轮、摆球来辅助小球运动，还可以多人合作创建小球运行的轨道或开发一个新的轨道，由此探索力、运动和能量转化。

除了互动性展品，科学中心还利用"创客空间"引导观众自己动手尝试解决科技问题。以制作风动力车为例，孩子们可用木头或硬纸板制作车身，用吸管、木棍或管子等制作车轴，用瓶盖或光碟等制作轮子，插上桅杆和帆，就完成了一台风动力车的制作。但这不是最终目的，还要让它借助风力在不同路况中行驶。孩子们用台式风扇模拟自然界中的风，用桌面、地毯、沙子模拟不同路面，并设置路障（坡道和桥梁），测试车子在不同的情况下的行进距离，通过不断改进车子的构造，实现在不同路面上顺利行驶。在此过程中，他们可以探索力对风动力车运动的影响，还可以了解材料的重量、刚度、柔韧性、光滑度、多孔性等，以及风能作为一种清洁能源的应用潜力等。亲身经历思考、设计、制作、测试、改进的全过程，孩子们对科学探究精神有了更深的理解。

动手体验的展品玩累了,孩子们还可以去楼上的自然博物馆观察近万件动物标本。当然,这并不枯燥,因为自然博物馆依然鼓励观众像科学家一样发现、提出和解决问题。恐龙是博物馆里最受欢迎的展品之一,这里有昆士兰本土的恐龙骨架,也有来自美国的霸王龙和三角龙的巨大模型。除了展示恐龙基本生活习性,博物馆还引导观众从能量转化的角度思考支撑这些庞大身躯的能量来源,从结构与力的角度思考恐龙的骨骼和运动之间的关系。面对多种多样的恐龙化石,孩子们还可以从物质转化的角度了解化石的形成过程等。科学探究的精神像一根无形的线将自然博物馆与科学中心联系在一起,使观众在动静结合的环境中发现和体会它的魅力。

虽然科学家们的研究领域各异,但科学探究的方法是通用的。昆士兰博物馆在展览展示和教育活动中注重再现科学探究的过程,激发每一个人内心深处成为科学家的梦想。

(作者系中国科学技术馆科研管理部助理研究员)

参观提示

该馆地址:Grey Street &,Melbourne St,South Brisbane QLD 4101
该馆电话:0061-7-31533000
该馆网址:https://www.qm.qld.gov.au/

馆游天下

科学·文化

亚 洲

日本京都铁道博物馆
缓步慢行时光里

于 舰

去过日本的游客大多会对当地底蕴深厚、丰富多彩的铁路文化留下深刻印象。日本几乎每个火车站都可被视为了解当地文化的窗口。例如，不同站点为旅客提供的便当就带有浓郁的地方特色，北海道站会供应海鲜和墨鱼饭、京都站是素菜便当、鹿儿岛站是黑猪肉便当，还有长崎站的煎饺等；而作为动漫大国，怎么少得了铁路和动漫的结合，一些知名动漫形象，如名侦探柯南、哆啦A梦、皮卡丘等就被绘在特定线路的列车车身上，日本铁道部甚至在20世纪90年代还推出过一部名为《铁胆火车侠》的动画片，成为一代人的童年回忆。

而如果想更加全面地了解日本铁路文化，就不能错过京都铁道博物馆了（图1）。它的前身是梅小路蒸汽机车馆，以及原大阪交通科学博物馆，2016年4月29日两馆合并扩建后重新开放。该博物馆位于京都梅小路火车站原址，其入口像一列高速驰骋的火车，工作人员身着铁路制服样式的工装迎接观众的到来，走进博物馆就好像登上了火车的时光列车。

一进入主展厅观众就会看到讲述日本铁路历史的展览，该展区用不同铁路公司的制服、徽章、票据等诸多实物（图2），结合丰富的史料，向观众展现了一幅日本铁路自明治维新而始的发展图卷，以及铁路对日本近代化进程的促进和对人民生活的巨大改变。例如，铁路的开通对日本历法的改变：1872年日本第一条铁路——京滨（东京至横滨）铁路全线竣工后，日本铁路运输部门为实现准时发车、到站而与国际接轨，放弃日本传统的将一天划分为12个时

馆游天下
全球科技馆里那些事儿

图1 京都铁道博物馆外观（作者拍摄）

辰的天保历，转而采用国际通用的一天24小时制的格里高利历。此举也得到日本政府的支持，1873年政府正式宣布废除天保历，并将格里高利历推行至全国。而铁路不但改变了日本人的时间观，还缩短了日本人与西方的交往距离。尤其在1889年京滨铁路延伸到了关西地区的神户后，由于横滨与神户都建有外国人居留地，在车上经常可以看到金发碧眼、身着西服洋裙的欧洲人，铁路给予了日本人更多的欧日交流机会，也让他们的生活变得更加"洋气"起来，其穿着打扮、饮食娱乐也逐渐欧化。

而京都铁道博物馆的镇馆之宝无疑是停在休闲步道区、本馆区、扇形车库、TWILIGHT广场和车辆工厂区展示的53辆机车实物了。这些机车涵盖了从最初的早期英式蒸汽火车到最先进的新干线500系列车，时间跨度百年，都是日本铁路史上的典型车型。例如，造于1903年、拥有英式外形、现存最

日本京都铁道博物馆
缓步慢行时光里

图2 京都铁道博物馆内的铁路历史展（作者拍摄）

古老的日本国产量产型蒸汽机车230-233（图3）；造于1880年的7100-7105 Yoshitsune 是从美国进口的首台机关车，曾运行在北海道首条干线上，2014年还被馆方复原至可运行状态；而C62-26则在1948年由川崎车辆生产，作为日本最大的客运蒸汽机车，曾活跃于东海道本线和山阳本线。

　　除了可欣赏保存良好、漆面精致的列车外形，观众还能走入车厢内部和底部一探究竟，而馆方也将列车的座椅、货架、卫生间等细微之处精心还原，让人一进入车厢就仿佛回到列车运行的那个年代。为了营造更加逼真的年代感，馆方甚至在展厅内建了一个20世纪上半叶昭和初期的小车站（图4），连车站附设的小商店都是1比1复刻原型，商品的品种和标签也是那个年代的风格。

图3 230-233型蒸汽机车（作者拍摄）

图4 京都铁道博物馆内仿制的小车站（作者拍摄）

日本京都铁道博物馆
缓步慢行时光里

没过瘾的观众还能花十分钟乘坐"蒸汽机车 Steam 号"穿行在京都铁路，感受和追忆那段逝去的时光。馆方温馨提示，因是老式蒸汽机车，乘客需时刻小心机车喷出的黑色煤烟。而当大家结束参观走出京都铁道博物馆时，会发现其出口就是原二条站。这座建于 1904 年的古老木质车站已于 1996 年被评为京都市有形文化财产。这种对老建筑的保护和利用也让前来参观的游客有一种穿越时空之感，原来过去并未远去，而是被完好地保留在空间里，保留在记忆中。

（作者系辽宁省科技馆科技工作者服务部副部长）

参观提示

该馆地址：京都府京都市下京区观喜寺町
该馆网址：https://www.kyotorailwaymuseum.jp/sc/

日本目黑寄生虫馆
见证血吸虫病防治百年历史

陈 洁

图1 目黑寄生虫馆外观（摄影：王晓民）

1953年，一位名叫龟谷了（Satoru Kamegai）的医学博士为了劝说日本国民戒掉生食的习惯，从各个医院采集了寄生虫标本，在东京建立了目黑寄生虫馆。开办之初，该馆馆藏的寄生虫标本仅72种，经过近70年的发展，到2020年已增加至1500种约6万件。

虽是世界上唯一专门展示寄生虫的博物馆（图1），但该馆的面积并不大，仅有两层。一层为"寄生虫的多样性"主题展厅，通过大量实物标本、图片、影像展示各种类型的寄生虫及其特性；二层为"人类和人畜共患的寄生虫"主题展厅，展示了寄生虫的生命周期，人体不同部位感染寄生虫的相应症状、防治措施，以及日本寄生虫学研究历史等。

日本目黑寄生虫馆
见证血吸虫病防治百年历史

在该馆展示的日本人遭遇过的寄生虫疾病中，血吸虫病曾给他们带来了惨痛的回忆与教训。这种由血吸虫寄生于人体引发的地方性致命疾病，最早发现于广岛县片山地区，流行于山梨县甲府盆地、静冈县富士山沼泽地带，以及利根川、筑后川流域。据推测，1957年日本患者数量就高达10万～13万人，对日本国民的生命健康造成了极大威胁。为了根除血吸虫病，日本成立了专门机构，指导开展消灭钉螺、消灭传染源、消除虫卵污染、加强研究教育等各项防治措施，最终于2000年宣告此病在日本的终结。

为了进一步加强血吸虫病科普与预防，2013年以来，目黑寄生虫馆推出多个关于血吸虫病的专题展览，反思、展示过去百年日本抗击此病的艰辛历程，警示公众不断改进生活卫生习惯，增强预防意识。

2013年该馆与日本国立科学博物馆联合策展推出"自发现钉螺以来100年，日本克服血吸虫病"特别展览，生动展示出钉螺作为血吸虫的唯一中间宿主，是血吸虫病传染过程的主要环节，也正是基于对此中间宿主的发现，推动了血吸虫病在日本的终结。该展以钉螺发现为主线，集中展示医务人员、研究学者、政府和当时最大感染地带山梨县居民共同抗击血吸虫病的历史过程，引发公众对于本国，乃至世界公共卫生安全重要性的思考。

2018年该馆与日本京都大学合作推出"藤浪鉴展览：100年前日本血吸虫病研究"和"100年前寄生虫教育——藤浪鉴在讲义中使用的挂图"特别展览，以知名病理学家藤浪鉴为主题，集中展示100年前他在日本京都大学医学部从事血吸虫病研究及相关教育情况，重点介绍藤浪鉴借助于实验手段发现血吸虫病传播途径的过程，旨在引发社会对疫病研究及配套教育的关注与重视。

2019年目黑寄生虫馆着眼于世界和未来，策划推出"致力于控制血吸虫病"特别展览，并同期举办"寄生虫的百年战争——以控制血吸虫病为目标"公开讨论会，重点介绍世界范围内血吸虫病现状和问题，总结推广日本防治方法和经验，为亚非地区国家防治血吸虫病提供借鉴参考，促进疫病防治的国际交流与合作。

抗击血吸虫病的百年历史经验不止属于日本，更属于全世界。同样，在抗

击新型冠状病毒肺炎面前，没有国界、种族之分，疫情带来的各种问题需要全世界共同面对和解决，只有联合起来才能取得最终胜利。

[作者系中国科学技术馆办公室（党办）助理研究员]

参观提示
该馆地址：4-1-1 Shimomeguro，Meguro-ku，Tokyo 153-0064，JAPAN
该馆电话：0081-3-37161264
该馆网址：https://www.kiseichu.org/

泰国国家科技馆
点亮科技的本土智慧

季民卿

坐落于曼谷北部巴吞他尼府的泰国国家科技馆，以 3 个棱边相互依靠、以点着地的有趣"魔方"造型而深受孩子们的喜爱。自 1995 年成立以来，该馆一直坚持将科技发展与泰国本土文化相结合的策展理念，其展品展示也多带有鲜明的泰国特色，成为东南亚地区科技场馆中一道亮丽的风景。

例如，泰国国家科技馆的第六层展厅，就场景化展示了泰国民众在日常生活中的科技应用，包括冶金、手工、建筑、捕鱼、印染色等工艺。这件靛蓝染色工艺的展品就表现出了泰国民众的智慧（图 1）。世界上很多国家都会使

图 1　Khram 染色——泰国民众智慧的结晶
（由泰国国家科技馆时任副馆长 Aphiya Hathayatham 提供）

用靛蓝染色工艺，但是他们所选的植物各不相同：欧洲人用板蓝根，日本人和韩国人用薄荷，中国人和越南人用的是黄刺五加，而泰国人则是采用Khram树叶。他们将Khram树叶浸泡在水里，培养产生大量的靛蓝糊，然后添加生石灰和粉煤灰并搅拌均匀，接下来把要染色的织物放进靛蓝糊中并抖动，暴露在空气中的靛蓝就被氧化成一种不溶于水的蓝色染料，永久地附着在纤维上。值得一提的是Khram染色是使用新鲜的树叶和冷水，在室温下通过酸碱反应等一系列化学反应形成的冷染色，对操作者而言方便又实用。

而"篮筐编织技术"展项则反映了泰国本土文明的另一项传统技艺（图2）。虽然所有植物的纤维成分都具有强度高、不溶于水的特性，但并不是所有植物都能用于编织，只有单位重量内纤维含量较高的植物才行，同时它们体内的木质素和果胶聚合物含量也需达到一定比例，这样编好的器物才能抗生物降解。聪明的泰国民众发现了一种广泛分布于泰国南部地区的蕨类植物山百合，它的树干具有很高的抗拉强度和

图2 "篮筐编织技术"是反映泰国稻作文明的又一经典展项（泰国国家科技馆时任副馆长Aphiya Hathayatham 提供）

泰国国家科技馆
点亮科技的本土智慧

耐久性，而且富含木质素和果胶，它的纤维可以保存100多年。山百合编织品经久耐用，涂上清亮的松节油后还能驱赶象鼻虫等昆虫。

除了静态展示，泰国国家科技馆也为观众设计了不少新颖、有趣、接地气的互动体验方式。观众既能借助虚拟现实技术驾驶拖拉机，体验农民在稻田里耕作的辛苦，又可以亲手搭建泰国不同地区的民居，体会不同建筑风格背后的科技原理。

此外观众还能参加各项蕴含丰富本土元素的教育活动。泰国国家科技馆针对小学生和亲子家庭，推出了"小小博物家"和"小小科学家"活动。小朋友们跟着研究人员，分成不同小组（如昆虫、鱼类、螃蟹、植物等），每组6人，上午去曼谷郊区观察动植物、采集标本，下午则制作标本并分享交流；通过观察、比较、动手操作等方式让孩子们更好地了解本地的动植物。

深受青少年观众喜爱的科普剧表演也会在展厅剧场中不定期举行。由泰国国家科技馆员工和专业作家合作撰写剧本，专业演员和戏剧学院学生共同出演，为观众讲述关于科学家或科学发现的精彩故事。为了更好地提升科普传播效果，该馆将风靡全国的电视节目《泰国蒙面歌王》中的打扮和装束融入表演之中，使得科普剧更受观众欢迎。

不忘初心，方得始终。泰国国家科技馆在展览展示及公众教育方面充分体现了泰国元素和特色，也是对泰国政府大力倡导"发挥本土智慧，贡献科技发展"的呼应。走进泰国国家科技馆，体验到的不仅是科技，还是植根本土的泰国智慧。

（作者系上海科技馆合作交流专员）

参观提示

该馆地址：Technolopolis, Klong 5, Klong Luang District, Pathumthani Province Thailand 12120
该馆电话：0066-2-577779999 转分机号 2122 或 2123
该馆网址：https://www.nsm.or.th/en/home-science-museum-2.html

新加坡科学馆
科技传递人文关怀

刘 琦

新加坡科学馆于 1977 年 12 月 10 日建成开放，40 多年来，它见证了新加坡国家的现代化进程，见证了新加坡人民的思想观念、行为方式、生活方式等从传统到现代的转变。如今该科学馆将培养"有科学素养的人民"这一使命提升到一个全新的高度，通过科技传递人文关怀，引导人们正确对待自己、他人和社会。

正确对待自己先从认识自己做起。新加坡科学馆打造了一系列关于"认识自己"的展览。世界上介绍生理学的展览不胜枚举，但"了解你的便便"展览应该算得上独树一帜。不仅选题大胆，而且展示内容以小见大，发人深省。展览通过"你的便便健康吗？""厚脸皮放屁室"等展品从生理上解读了便便产生的原理、便便与健康之间的关系，并以此为切入点逐渐过渡到卫生设施的发展历程和相关科学原理的解读。例如，"冲还是不冲？"展品介绍了马桶的工作原理，"新加坡故事"展区展示新加坡从敞地排便、粪便车到现代厕所的发展历程，从如厕条件的改善史中折射出当地经济社会的发展。不仅如此，展览还放眼全球，提醒参观者目前世界各地公共卫生条件还存在鸿沟，工程技术手段将成为有效的解决方法。展览将科技与人文相结合，不仅引导公众树立正确的饮食和卫生习惯，还让参观者逐渐从个体小我上升到家国大我，直至人类之我，从关注自己，到关注他人、关注

社会。

　　认识自己的目的是接纳自己。"恐惧的科学"展览以恐惧为主题,营造许多让人感到恐惧的形象和场景,让参观者在体验恐惧中,了解恐惧的历史文化意义、恐惧心理学、恐惧生理学,以及恐惧如何影响我们的日常生活,以便于更好地克服自己的恐惧。例如,"公开演讲"模拟在众人面前进行演讲的场景,参观者可以站在讲台上,面对虚拟的观众做一场即兴演讲。相信每个人都经历过类似的情景,也或多或少感受到紧张,但我们可能没有注意到紧张引起的生理变化,如无法集中注意力、口干舌燥、双手颤抖、视野缩小,也许还会为此而苦恼。此展品告诉我们,不必为此担心,这些都是正常的生理反应,通过反复训练我们会自信起来。由此可见,"恐惧的科学"展览不仅科普了"恐惧"这一心理状态,更重要的是提醒公众,恐惧心理是人之常情,我们应该正视和接纳它,学会自我调节。对于那些被过度恐惧等不良心理状态困扰的人,我们也应该给予理解和关注。

　　除了演讲时的紧张,你是否恐惧过衰老?对于这个没有人能绕开的话题,我们真正了解它吗?"与岁月对话——接纳衰老"展览让参观者体验并了解更多关于衰老的知识和过程,重建我们的年龄观。该展览邀请退休人士讲述退休后的故事,与参观者探讨对老年的看法,通过设置照片墙、录制视频,展现他们积极活跃的老年生活。"心跳鼓"和"平衡感游戏"等互动展品让参观者体验衰老的科学原理,了解人何时开始衰老,为什么会长皱纹或出现关节问题。此外,展览还介绍了科技在延缓衰老中发挥的作用,展示了机器人、移动互联网等技术为老年生活提供的便利。

　　一直以来,老年人不是科技馆的主流受众,以老年为主题的展览寥寥无几。"与岁月对话——接纳衰老"展览以独到的视角让人们对衰老少了一些惧怕,对长者多了一份敬意。目前,中国人口老龄化的形势十分严峻,科技馆的展览理念和展示内容应根据社会形势的变化做出调整,该展览对我们具有很大的启发意义。

　　新加坡科学馆的展览理念体现了"以人为本",在激发参观者对科技的想

馆游天下
全球科技馆里那些事儿

象力和跨学科思考能力的同时,将科技作为传递关怀、理解和包容的媒介,满足人的情感需求,更好地服务于人的生存和发展。

(作者系中国科学技术馆科研管理部助理研究员)

参观提示
该馆地址:15 Science Centre Rd,Singapore 609081
该馆电话:0065-64252500
该馆网址:https://www.science.edu.sg/

伊朗国家科技馆
历史之光与现代梦想同在

庞晓东

伊朗国家科技馆（Islamic Republic of Iran Science and Technology Museum）位于德黑兰老城区（图1），紧临伊朗国家博物馆，二者建筑风格几无差别，

图1 伊朗国家科技馆外观（作者拍摄）

只是大门朝向不同,初次到访的游客很容易弄混。整个街区的路面由小石子铺就,多个历史悠久的建筑和博物馆都坐落于此,是一个很有当地特色的历史街区。

伊朗国家科技馆是于2005年由伊朗高等教育发展委员会批准设立,其主要任务是展示伊朗的科学成就,以及全球最新的技术和知识理论。它还是受科技部指导的研究机构,通过引进先进科普教育理念和经验,重建并发展伊朗科学文化教育,并为伊朗科学教育战略提供专业意见。在这些职能要求下,该馆员工素质普遍较高,40多名工作人员中,超过60%具有硕士学历。馆长Seifollah Jalili博士是伊朗很有影响力的化学家,他还兼任伊朗一所大学化学系教授,编写了4本中学和大学的化学教材。

伊朗国家科技馆规模不大,但很有特色。该馆主要有5个展区:古代科技展区、通信科技展区、光学展区、经典力学展区和核工业技术展区。

最让观众印象深刻的是其古代科技展区。伊朗古称波斯,是著名的文明古国之一,也曾有过辉煌的历史。早在公元前550年,它就建立了世界第一个领土横跨欧亚非三大洲的波斯帝国,在医学、天文学、数学、农业、建筑、音乐、哲学、历史、文学、艺术和工艺方面都取得了巨大成就。这个展区主要展示了伊朗古代建筑、技术、天文和医学等方面的成就。

在建筑方面,展厅中的宫殿建筑模型,不仅在外观上呈现了波斯文明的独特风格,而且展示了其建筑技术的独到之处(图2)。例如,根据当地气候特点而设计的自然通风降温系统,就是古代非常先进的建筑技术。

其在天文和航海方面也很发达,有制作精美的各类天文仪器(图3),有些还是便携式的,可用于远航途中的导航。

另外,伊朗的古代医学也很发达,大医学家阿维森纳著于公元11世纪的《医典》,对亚欧各国医学发展产生了重大影响。展区中的伊朗古代外科手术的漫画图示生动逼真。从中可看出,伊朗人很早就可以做比较复杂的手术了。其所展示的手术器械种类多样、功能齐全,令人叹为观止。

其他展区则与现代科学相关。新开发的光学展区做得很有特点,展示水平也很高,看来他们利用极为有限的资金,做了最大的努力;传统的经典力学展

图2 伊朗古宫殿建筑模型（作者拍摄）

图3 伊朗古代观测仪器复制件（作者拍摄）

馆游天下
全球科技馆里那些事儿

厅，无论是最速降线，还是锥体上滚，展品都做得很用心，展示效果很好很直观。在展陈的最后部分，是核工业技术展区（图4），该展区虽小，但从原材料分布、开采、技术原理到应用领域等方面做出了较为全面的展示，体现出对核技术的重视。

图4　观众在伊朗国家科技馆核能利用展厅参观（作者拍摄）

（作者系时任中国科学技术馆副馆长，现任中国科学技术协会科学技术普及部副部长）

参观提示　该馆网址：https://www.inmost.ir/

北京自来水博物馆
科技与历史的交融

王立文

位于北京市东直门外的北京自来水博物馆，建于清末自来水厂旧址之上，宛若闹市中的世外桃源。该馆被高大的现代建筑环绕，正好屏蔽了主路川流不息的车辆声，而进入该馆所在的工业遗址区内，则会看到松柏葳蕤、小桥流水，其建筑是中西合璧，各有特色。有按照中国传统砖雕工艺制作的巴洛克风格"办公旧址"，有中国古代传统建筑宝顶与欧洲古典主义风格相融合的"来水亭"，还有欧式"蒸汽机房"，它们让漫步于此的观众沉浸在逝去的旧时光中，感受科技与历史的交融。

苏州园林式的白墙灰瓦建筑是北京自来水博物馆新馆（图1）。该馆于2001年建成开放，不过其展厅面积仅600平方米，很快就无法满足市民更高的参观需求。2016年它在原址完成了新馆建设，展览面积也增长为2400平方米。

进入展厅首先看到的是高达7米的巨型浮雕，该馆的第一件展品——"生命之源"（图2）。浮雕造型主要由水、万物和人体元素组成。水从立体雕刻的一双手中流出，滴入五色土大地，润泽千万物种，手的上方是一只展翅欲飞的凤凰，象征首都的繁荣和生命延续，表达人类对水的珍视及尊重自然、可持续发展的理念。

在一层的科普馆中，北京自来水博物馆运用现代化手段，展示了关于水的基础知识、全国及北京市水资源状况、北京自来水处理工艺等相关内容。其中，最受观众关注的展品是北京市自来水厂对水的处理工艺。

馆游天下
全球科技馆里那些事儿

图1 北京自来水博物馆新馆建筑外观（作者拍摄）

图2 "生命之源"巨型浮雕（作者拍摄）

水厂初建时期生产水的主要流程：以孙河为水源，在来水亭消毒，在清水池沉淀，而后进入蒸汽机房用蒸汽机将水送到高54米的水塔，然后利用势能，通过各路水管，将处理后的净水送给用户。

现代自来水厂的水处理工艺比当时更为复杂、精细。水厂首先用化学处理剂降低原水中的杂质，再将水中胶体变成微小的絮凝物，吸附水中微生物和细菌，絮凝物在重力作用下沉到池底，然后过滤残留在水中的较大颗粒杂质，再以活性炭吸附有机物并去除颜色和气味，过滤小颗粒，最后是紫外线消毒（图3）。

在博物馆二层的通史馆，观众可以通过大量珍贵的文物、图片、复原的场景，了解一个多世纪以来北京自来水事业的发展历程，及其为首都城市建设与发展做出的重要贡献。

清末自来水厂作为京城的第一座水厂，其建造过程比较坎坷。1908年，北京城由于火灾频发、运水设施不利、起火后扑救不及时等原因，损失惨重。后来用了不到两年的时间，于1910年建成水厂。自来水公司创办初期，采用"官督商办"招商集股的形式筹集资金。为保护民族工业，自来水公司在《招股章程》中专门规定"专集华股，不附洋股"。历经百年风雨的老水厂为完成"确保首都供水安全"的企业使命而勤奋不息，它见证了百年供水企业始终不变的初心，也见证了北京历史与文化的变迁。

图3　现代自来水厂水处理工艺展品（作者拍摄）

馆游天下
全球科技馆里那些事儿

自来水绝不是自来的，而是源自创业者的智慧和艰辛努力，要为上千万居民提供安全洁净的饮用水绝非一日之功。今日的北京自来水博物馆使旧日的工业遗址发挥出独特的科普教育功能。在北京市自来水集团成立100年之际，著名国画大师、书画家文怀沙先生为集团挥笔题字，表达了京城人民对百年企业的敬意——"上善若水，百年永滋"！现被北京自来水博物馆收藏。

（本文作者系中国科学技术馆展览设计中心高级工程师）

参观提示
该馆地址：中国北京市东城区东直门外香河园路3号
该馆电话：0086-10-64650787

青岛啤酒博物馆
鲜啤畅饮芬芳沁

苏 青

"青岛有两种泡沫，一种是大海的泡沫，一种是啤酒的泡沫。两种泡沫都让人陶醉。"可以说，青岛是中国的啤酒之都，啤酒是青岛最靓丽的名片，而青岛啤酒博物馆则是青岛最具特色的博物馆。

青岛啤酒博物馆（图1）由青岛啤酒股份有限公司投资，于2003年建成开放，是国内唯一专业啤酒博物馆，由两幢红色德式建筑组成，按A、B两馆划分，分别是100多年前啤酒厂的综合办公楼和酿造车间。全馆展陈面

图1 青岛啤酒博物馆外观（作者拍摄）

积 6000 余平方米，有"百年历史和文化""酿造生产工艺""多功能区"3 个参观游览区，集历史文化、科技知识、啤酒娱乐、地域特色为一体。

1897 年 11 月，德国军队占领青岛；翌年，德国政府强迫清政府签署了《胶澳租借条约》。1903 年 8 月 15 日，英国、德国商人共同出资 40 万墨西哥银圆，在此兴办"日耳曼啤酒公司青岛股份公司"。这是中国最早的啤酒企业，年产啤酒 2000 吨，全部生产设备和原料均由德国进口，按照《德意志啤酒酿造法》生产比尔森风味的浅色啤酒和慕尼黑风味的黑色啤酒，除供应青岛本地外，还销往上海、大连、天津、香港等地。

青岛啤酒博物馆门口斜立着的 4 个巨大字雕"BIER""皮""脾""啤"，介绍了啤酒在中国不同年代的称谓变化。"BIER"（德文）为"啤酒"之意，德国占领青岛后，该词开始在当地流行。起初，"BIER"被音译为"皮酒"，后来考虑到啤酒芳香怡人、沁人心脾，且"脾"字又与"BIER"发音接近，于是，"皮酒"被改称"脾酒"。或许是"脾"字容易让人联想内脏器官而感不适，聪明的青岛人为此发明了一个专用汉字"啤"来称谓这种备受欢迎的舶来新酒。历史上有段时间，"皮酒""脾酒""啤酒"曾一度并用，20 世纪 40 年代以后，人们开始统称"啤酒"。

啤酒是人类最古老的酒精饮料，相传由公元前 6000 多年前居住在美索不达米亚地区的苏美尔人发明；巴黎罗浮宫博物馆里的蓝色纪念碑上，就有苏美尔人用啤酒祭祀女神的记载。这种将小麦芽和大麦芽作为主要原料，加啤酒花经液态糊化、糖化，再经液态发酵酿制而成的低酒精含量饮料，富含多种氨基酸、维生素、低分子糖、无机盐和酶等营养物质，容易被人体消化、吸收，因此又有"液体面包"之美誉。

青岛啤酒选用优质大麦、大米、上等啤酒花，以及软硬适度、洁净甘美的崂山矿泉水为原料酿制而成，酒精含量 3.5%～4.0%，酒液呈淡黄色，清澈透明，泡沫清白，起泡持久，为啤酒中上品。1906 年，诞生仅 3 年的青岛啤酒就在慕尼黑啤酒博览会上荣获金奖；新中国成立后，青岛啤酒更是屡获殊荣，声名鹊起。

2021 年 9 月 12 日，借出席在青岛举行的第六届中国人因工程高峰论坛之际，

青岛啤酒博物馆
鲜啤畅饮芬芳沁

笔者"闪访"了青岛啤酒博物馆。我是当天第16位入馆的游客,也是博物馆开放至今接待的第10 359 910位参观者。"酿造生产工艺"展区重现了100多年前的啤酒生产的场景,糖化锅、煮沸锅、冷却机、过滤槽、发酵池和橡木桶(图2)等当年的设备实物,大都为手工铜制,仍光洁如新。据说,一台于1896年生产的西门子电机通电后仍可运转、使用,成为镇馆之宝。

建厂118年来,青岛啤酒几经变迁,历经沧桑。第一次世界大战爆发后,日本军队占领青岛;公司易主,成为日本企业,更名为大日本麦酒株式会社青岛工场。抗战胜利后,国民政府派员接管经营,改名为青岛啤酒厂。1949年6月2日,青岛解放,人民政府接管青岛啤酒厂,更名为国营青岛啤酒厂。改革开放给青岛啤酒注入了新的活力,招商引资、合资经营,青岛啤酒更加彰显时代特色、世界视野、地域精神、经典魅力。

图2 青岛啤酒博物馆中的巨大贮酒木桶实物
(作者拍摄)

走进原浆啤酒品饮区,每位游客都可获赠一杯刚酿出来的原浆啤酒和一小袋啤酒豆小吃。游客还可在"啤酒制作坊"拍照、下单、订制,个性瓶、罐装啤酒立等可取,让人惊喜不已。宽敞的文创商店里,摆满了各式各样包装的啤酒和以啤酒花为原料成分制作而成的小吃、巧克力、茶叶、护肤霜等商品,以及具有青岛啤酒特色的开瓶器、儿童玩具、装饰品等文创产品(图3),让人

馆游天下
全球科技馆里那些事儿

图3 青岛啤酒博物馆商店琳琅满目的文创产品（作者拍摄）

目不暇接。临近中秋佳节，笔者遂订购了4桶5升装的原浆啤酒，好让远方的亲朋好友也能品尝刚下线的新鲜名啤。据悉，该博物馆2019年仅文创产品收入就高达5000万元，这让我这个曾经在中国科学技术馆工作过的同行倍感汗颜。

在A、B两馆进进出出，拾阶上下，拐弯穿行，仿闻酒香漂浮，仿见酒气蒸腾，仿听机械转鸣，沉甸甸的历史沧桑感油然而生。匆匆游览，感慨良多，填《添字采桑子》词一首，以寄情怀，以表祝愿。"拾阶追史幽情浸，观展沉吟。观展沉吟，百载风云，心绪抚难平。鲜啤畅饮芬芳沁，欲醉思清。欲醉思清，开放合资，不傻岂能停。"

（作者系时任中国科学技术馆党委书记、副馆长）

参观提示

该馆地址：中国山东省青岛市登州路56号
该馆电话：0086-532-83833437
该馆网址：http://www.tsingtao.com.cn/product/FashionMuseum.html

金沙遗址博物馆
古蜀文明的时光隧道

马宇罡

2001年2月8日，成都西郊一次市政施工，不经意间挖出了大量玉石器、铜器和象牙，由此闯入了古蜀文明的时光隧道。2007年4月，金沙遗址博物馆因之诞生。

该博物馆所在的遗址，是商周时期古蜀王国的都邑，也是继三星堆文化之后，在成都平原兴起的又一个古代文明中心。其重要遗迹包括大型房屋建筑基址、祭祀区及1000余座墓葬，遗址出土金器、玉器、铜器、漆器等文物5000余件，还有数以万计的陶器陶片、数吨象牙，以及野猪獠牙和鹿角。在同一区域发现数量如此之多的象牙和动物骨骼遗存，在中国乃至世界都属罕见。

在金沙遗址基础上兴建的这座博物馆，有遗迹馆和陈列馆两大主体建筑，分别位于摸底河的南北两岸，一圆一方，遥相呼应。

遗迹馆（图1）位于金沙遗址的原发掘地，此遗址被称为目前我国保存最完整、延续时间最长、遗迹遗物最丰富的祭祀原生态遗存。笔者来到馆中，看到的是未经刻意设计的空旷空间，不禁屏息凝神，仿佛走进千年前古蜀国气势恢宏的祭祀现场之中。许久，方回过神来。

陈列馆是一座斜坡状方形建筑，造型北高南低，仿佛从大地中生长出来，隐喻金沙出土的玉璋。常设展览由"远古家园""王都剪影""天地不绝""千载遗珍""解读金沙"等5个展厅组成，馆内以金沙遗址出土的遗迹和文物为主，以成都平原其他古蜀文明遗迹、遗物为补充，运用现代科技手段，再现了

图1 金沙遗址博物馆遗址馆内景（作者拍摄）

神秘的金沙王国的社会生活情景和精神生活风貌，展示了古蜀文明发展演变的辉煌历史。

馆内众多文物中，广为人知的非太阳神鸟金箔饰莫属。此器乃金沙遗址博物馆镇馆之宝，采用镂空的表现方式，外廓呈圆形，分内外两圈，内圈是一个旋转的火球，象征着太阳，外圈等距离分布着4只三足飞鸟。即便曾多次见过太阳神鸟的图像，但近距离观看这件外径12.5厘米、厚0.02厘米、重20克的薄薄的"神器"，仍然有穿越之感，切身感受到先民对于太阳的崇拜和非凡的想象力。古人视鸟（金乌）为"日中之精"，崇鸟即为崇拜太阳。2005年，太阳神鸟金箔饰从1600余件候选作品中脱颖而出，被确定为中国文化遗产标志，足以见其价值。此外，金面具、蛙形金箔、商周金冠带、镂空喇叭形金器等也是重要的金沙遗存。

金沙遗址博物馆
古蜀文明的时光隧道

玉器,是金器之外的又一类珍贵文物。作为祭天礼地的法器,金沙出土的琮、璧、环、璋、圭、戈、矛等玉器数量极多,型制丰富、沁色斑斓,加之独特的聚阵式展示方式,烘托出祭祀品的繁复与精美,犹如缀满天幕的繁星;而大量金属、软质纱网等材料的运用,既突出了金沙祭祀活动中的原始宗教色彩,又打破了单纯展柜陈列形式的窠臼,凸显古蜀先民沟通天地、对话神灵的希冀。笔者徜徉在展厅里,沉浸其中,竟有了不知今夕何年之感。

陈列馆运用色彩和光影的魔术,渲染了古蜀文明神秘悠远的氛围。主展厅展柜中使用的是常用的橘黄色灯光,而地灯则一律用暗淡的红色,营造出神秘感,予人以祭祀之中沸腾燃烧之感(图2)。中庭的穹顶用玻璃制作而成,柔索结构使巨大、橙色的太阳神鸟标志悬于白色穹顶中央(图3),而与其对应的地面选用黑色大理石,并绘三足金鸟图形。白天,金鸟的光影投在中庭的弧形墙面和地面上,随太阳位置的变化而缓缓移动,如同在不同高度翱翔。当夕阳照进中庭,地上的圆盘被一层金黄色的光晕所笼罩,金鸟影子的位置随时间而变化,仿佛让静默的场馆有了音乐的律动,古蜀国祭祀场景似乎历历在目。走出陈列馆,来到户外的园林,仿佛刚刚穿过时光的隧道,见到了文明耀眼夺目的光芒。

图2 陈列馆内景
(作者拍摄)

馆游天下
全球科技馆里那些事儿

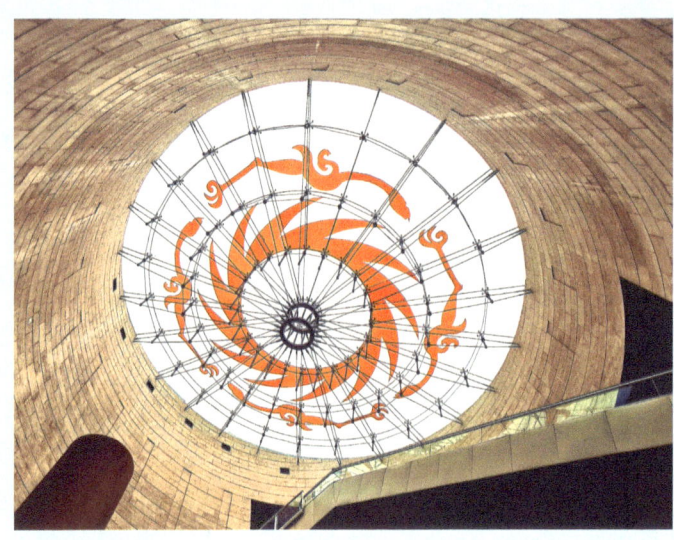

图3 陈列馆穹顶中央
（作者拍摄）

顺便一提的是，成都市地铁7号线有金沙博物馆一站，其站内文化墙为古蜀先民生活场景，立柱形象取自金沙遗址博物馆馆藏的商周十节玉琮，天花板则是太阳神鸟形象。若搭乘地铁而来，走出列车，其实就已然走进了时光隧道。

（作者系中国科学技术馆科研管理部副主任）

参观提示
该馆地址：中国四川成都市青羊区金沙遗址路2号
该馆电话：0086-28-87303522
该馆网址：http://www.jinshasitemuseum.com/

庆华军工遗址博物馆
神秘兵工启尘封

苏 青

庆华军工遗址博物馆位于黑龙江省北安市，是全国首家系统展示中国枪械研发、生产的遗址类博物馆（图1）。该博物馆依托原庆华工具厂208车

图1 庆华军工遗址博物馆外观（庆华军工遗址博物馆提供）

间改建而成，建筑面积6400平方米，以"共和国枪械的摇篮"为主题，设有"历史陈展区""过渡区""遗址区""反恐自卫馆和靶场"4个展区，现有展品6000多件（套），其中国家一级文物22件、二级文物77件，可谓展品与文物结合、历史与现实连接、参观与体验互动、教育与娱乐融合。

笔者大学和研究生学的都是军工专业，就读的北京理工大学与庆华工具厂都曾隶属兵器工业部，因而对该博物馆情有独钟，两次到北安市出差，都曾到这里参观。北安市是抗战胜利后中国共产党在北满建立的五大根据地之一，享有"塞北延安"之美誉，庆华军工遗址博物馆不仅是正宗枪械博物馆，还展现了我国枪械工业从小到大、从弱到强、从万国品牌到模仿生产、从自主研发到创新引领的艰难发展历程，可谓人民兵工发展历史的一个缩影，因而也是名副其实的爱国主义教育基地和国防教育基地。

"历史陈展区"全面展示了庆华工具厂的辉煌历史。该厂前身为张作霖1921年创办的东三省兵工厂；"九一八事变"后，日伪把持的伪满洲国政府将其更名为奉天造兵所；抗战胜利后，接管的国民党又改名为兵工署第九十工厂；1948年11月沈阳解放，东北军区遂更名为沈阳兵工总厂，着力建设人民兵工重要基地；朝鲜战争爆发后，工厂由沈阳迁至北安，定名为庆华工具厂，对外保密代号626厂；2006年，企业改制后实施政策性破产。

庆华工具厂曾是中国最大的枪械厂，鼎盛时有职工2万余人、家属7万余人，被誉为"共和国枪械的摇篮"。该地区一度曾流行"姑娘姑娘快快长，长大嫁到庆华厂"这么一句脍炙人口的顺口溜。56年间，庆华工具厂共仿制、研制8个系列82种枪械，生产各类枪械总计9 006 116支，可装备800个步兵师（图2），为保卫国家安全做出了突出贡献。曾大量列装部队、军迷们熟悉的50式冲锋枪、54式冲锋枪、56式冲锋枪、54式手枪、57式信号枪、64式手枪、80式冲锋手枪等经典枪械（图3），均由庆华工具厂研制生产。

1951年6月，庆华工具厂生产的第一批2628支50式冲锋枪被秘密装上军列，紧急运往朝鲜前线。1951年6月至1953年12月，庆华工具厂共向朝鲜战场运送50式冲锋枪358 261支。该枪因操作简易、性能可靠、火力强大，

图2 该厂生产的900多万支枪械可装备800个步兵师（作者拍摄）

图3 庆华工具厂曾生产的经典枪械（作者拍摄）

馆游天下
全球科技馆里那些事儿

深受志愿军喜爱，被称为"功勋枪"。

"过渡区"由"伟大设计""大型沙盘""英雄机床"3个既独立又相互联系的版块组成，游客可以据此了解不同时期的军工历史。"遗址区"实际上是一个两边排列了128台机床设备的大型车间，这里曾经是56式冲锋枪和54式手枪的生产线。展区的指示牌显示，56式冲锋枪仅枪机框一个零件的加工，就有"磨杆部外圆""高速车外圆切手柄""定中心""铣两侧平面""铣凹槽""铣凸肩""高速铰枪闩室孔""高速铰簧孔""铣尾部槽""铣手柄上形减量槽"等10道工序，老一代军工人一丝不苟、精益求精的工匠精神成为后人宝贵的精神财富。目睹一台台历经沧桑的老式机床，穿行于仍保留原样的质检室、军代表室……仿佛回到了20世纪那"火红"的年代，热火朝天、你追我赶的生产场面顿时浮现在眼前。"反恐自卫馆和靶场"展区是普及国防知识、进行射击训练的重要基地。在这里，游客不仅可以亲手拆卸56式冲锋枪和54式手枪，熟悉两种枪械的各个部件及其作用原理，还可以持真枪实弹射击，或者持激光枪模拟射击训练，过一把打枪的瘾。

如今，庆华工具厂神秘的面纱已被揭开。参观庆华军工遗址博物馆，感怀人民兵工对我国国防事业做出的重大贡献，特赋诗一首，以表敬意，以抒情怀。"中华枪械第一城，抗美援朝立殊功。九百万支列部队，五十六载立碑丰。壮丽青春献庆华，工匠精神传子孙。改制破产成遗址，神秘兵工启尘封。"

（作者系时任中国科学技术馆党委书记、副馆长）

参观提示
该馆地址：中国黑龙江黑河市北安市乌裕尔大街1号
该馆电话：0086-456-6825626

台湾兰阳博物馆
与本土文化共生的有机体

谌璐琳

距离中国台北两小时车程的宜兰县头城镇海滨,坐落着一座不大的博物馆——兰阳博物馆(简称"兰博",图 1)。2010 年 10 月才正式成立的兰博,秉承其"宜兰是一座博物馆,兰博是认识这座博物馆的窗口"的使命,已迅速成为宜兰文化景观新地标。

图 1 兰阳博物馆外观(作者拍摄)

兴建兰博的构想发轫于20世纪80年代。20世纪90年代，从推动社区总体营造与保存地方文化出发，宜兰提出"将全县视为一座大博物馆"的理念，旨在让宜兰当地空间、生活与文化在可持续发展的基础上，进行总体博物馆营造。兰阳博物馆于2010年10月正式建成开放，并且因其与地景的高度融合而成为人们认识宜兰文化与美学的窗口。

兰博选址于宜兰县头城镇乌石港遗址的沼泽湿地旁，乌石港因昔日港内有三大块黑色礁石而得名。作为台湾东岸曾经唯一的商业港口，清代的乌石港风光无二，造就了兰阳八景之一——石港春帆。远远望去，兰博正像一块立在水滨的乌石（宜兰海岸常见的一翼陡峭、一翼缓斜的单面山海岸礁石）。兰博整体建筑为三角锥体，主建筑最高点朝向宜兰的精神地标——龟山岛，然后沿着西南方以20度斜角逐渐下沉没入地表，与园区水域的乌石相呼应。更为有趣的是，建筑外墙的设计灵感来源于维瓦第小提琴协奏曲——《四季》，由各种经不同表面处理的石板与铸铝板拼接成音符，交织出丰富的《四季》旋律，同时表现兰阳平原因四季轮转而呈现出的不同色调与风情。因与地景的高度融合，兰博荣获了第七届远东建筑奖台湾地区杰出奖和2010年台湾建筑奖首奖，而其设计者姚仁喜则凭借博物馆主建筑获得2012年国际建筑奖。台湾建筑奖的评审团指出，台湾的地域主义建筑因兰博提升至新高度，它不再只是图腾或符号，而是能利用地形、环境的抽象转换呼应地景特色，这正是目前国际建筑界共同关切的议题。

兰博内的景象别有洞天，室内27米大跨距的钢桁架系统，构成了宽阔无柱的连续性展示空间，透过大面积采光玻璃，馆外的湿地和光影也成为博物馆展示空间的一部分。当观众走进兰博，从一楼转身踏上二楼扶梯的一刹那，北方壮阔的龟山岛就会赫然映入眼帘，仿佛与90多年前热闹繁盛的乌石港构建起精神的连接。兰博通过其独特的建筑造型设计和内外空间处理，营造出丰富的观感，成为本土文化最直接的表达。

在展厅楼层布局方面，兰博践行"连结在地文化、开启宜兰之窗"的理念，设有4层展区，从上到下分为别为"山之层""平原层""海之层""儿童探索区"。前三者分别展现了宜兰多雨气候下"迷雾森林"的景致；平原上的自

台湾兰阳博物馆
与本土文化共生的有机体

然环境如何塑造当地人文特色、影响历史变迁；海岸线、海底、海流，以及"讨海人"的生活等极富宜兰特色的内容。站在"山之层"俯瞰其他楼层，仿佛看到一个有特定地理环境与人文轨迹的微缩宜兰，如此通过展区设计延伸了观众的想象空间。

兰博现任馆长陈碧琳说："在愈是商业的时代要能够愈提倡在地文化的保存与体验，在愈高度科技的时代要能够愈回到在地文化的体验与学习，在愈快速的流动世界要能够展现在地慢游与踏实的博物馆世界，因为我们不是一个象牙塔里的博物馆，而是一座具有地方文化光荣感的环境生态博物馆。"随着博物馆发展的大潮，越来越多像兰博一样极富个性的优秀博物馆涌现，各地博物馆正凭借自身的创新和努力为地域文化添加新的景观，让城市更有魅力。

（作者系中国科学技术馆科研管理部助理研究员）

参观提示

该馆地址：中国台湾宜兰县头城镇青云路三段 750 号
该馆电话：0886-3-9779700
该馆网址：https://www.lym.gov.tw

欧　洲

德国曼海姆科学技术博物馆
一座生机勃勃的工业"小城"

杨晓华

德国巴登-符腾堡州的曼海姆市虽然面积不大，只有144.96平方千米，约为北京市海淀区的1/3，但却拥有欧洲大陆最大的科技博物馆——曼海姆科学技术博物馆（简称"曼海姆科技馆"，图1）。该馆建成于1990年，展示

图1 曼海姆科技馆外观（作者拍摄）

面积有近9000平方米，用于临时展览的展厅有900平方米，不仅如此，它在内卡河边上还拥有一条博物船。2010年它由曼海姆州立技术与劳动博物馆更名为科学技术博物馆（TECHNOSEUM），并被赋予了新的定位：让公众理解技术发展的历史，同时展现科技的发展如何对大家的工作与生活产生影响。

此定位非常符合曼海姆市的工业发展背景。这座小城堪称世界交通工具的发源地。1817年，卡尔·德莱斯男爵在此发明了世界上首辆获得专利的两轮自行车；1886年，卡尔·本茨造出的世界上第一辆汽车也是在此驶上街头；此外1921年问世的兰茨斗牛犬拖拉机和1929年由尤里乌斯·哈特里制造的全球第一架火箭式飞机也都诞生于此。这些发明使曼海姆市，乃至整个巴登－符腾堡州在工业革命的大潮中变成了德国最繁华的地区之一。因此曼海姆科技馆的策展理念就是展示"繁荣的根源"。通过展品讲述这座城市从18世纪至今二三百年的工业化进程，展品中既有大型制造机械、交通运输工具这样的大块头，也有家具、家用电器、钟表，甚至广告产品这样的小身段，它们不仅是工业遗产，也是社会发展和科学进步的见证，从而为观众勾绘出德国西南部动人的工业史画卷。

巴登－符腾堡州的工业化，是以纺织技术的腾飞为基础的。因此曼海姆科技馆在核心区域放置了数台跨越两层展示空间的纺织机（图2）。它复刻19世纪末巴登－符腾堡州南部黑森林中一处家庭纺织作坊的原貌，为观众展现了早期工人工作的场景。一层是纺织工作区，二层则是家庭生活区。纺织设备启动后，震耳欲聋的轰鸣声立刻就把观众带回到那个年代。经验丰富的技术人员会适时介绍这些老式机器的使用方法，身临其境的观众马上就能理解当时的工人为何会有腰疼和耳聋的职业病了，之后再对比二层依赖农耕或手工编织生活的住宅环境，科技的发展对工作和生活的影响便一目了然。

除纺织机外，铁路作为19世纪交通革命的标志，也在当地工业化进程中发挥了重要作用。曼海姆科技馆收藏了不同类型的蒸汽机车和铁轨真品。工作人员会引导观众亲自体验这些展品，在与展品的互动中提升对当时科技的了解，如观众们可乘坐蒸汽机车"埃斯林根"号（图3）行驶至曼海姆科技馆的室外广场。

德国曼海姆科学技术博物馆
——一座生机勃勃的工业"小城"

图2 巴登－符腾堡州南部的家族纺织作坊原貌重现（曼海姆科技馆玛丽特·蒂林提供）

图3 观众正在体验"埃斯林根"号（曼海姆科技馆玛丽特·蒂林提供）

馆游天下
全球科技馆里那些事儿

曼海姆科技馆最大的展品是停靠在该市内卡河上的"曼海姆号"。这艘观光船上有大量珍贵的航运模型,追溯了工业化初期莱茵河沿岸的航路,展示了内河航行船舶的发展。该船于1929年下水,是少数几艘第二次世界大战中毫发无损地幸存下来的客轮之一。1956年,它与一艘摩托艇相撞后沉没,打捞后归该博物馆所有。该船反映出20世纪50年代的技术标准和设计品位,舱内展示主题为工业时代的内陆航运,第二次世界大战后蒸汽机逐渐被柴油机取代,这段历史成为现代内河航运的重要里程碑。观众在船上不但可以了解船的工作原理,还能在船舱实验区通过显微镜观察河中微小生物,检测内卡河水样的质量等。

不只这些庞然大物,其实精密仪器的制造水平也是工业化程度的重要标志。在曼海姆科技馆观众不但能看到来自曼海姆天文历史馆完整的天文与测地仪器馆藏,还能看到显微镜、测量设备和计时器这样的精密机械。而来自海德堡–曼海姆大学医院的医疗仪器馆藏则展示了18世纪以后医疗工具的研制与开发过程。它们的水准足以说明为什么钟表业曾是德国西南部的重要经济分支。

曼海姆科技馆更像是一座历经200年仍在运行的工业"小城"。轰鸣的机器声、水轮的转动声、蒸汽火车的鸣笛声突破了时空的限制,让整个博物馆活了起来。只有深刻理解过去,才能积极开拓未来,这正是曼海姆科技馆带给我们的启示。

(作者系上海科技馆展示教育处展区管理员)

参观提示

该馆地址:Museumsstr. 1, 68165 Mannheim, Baden-Württemberg, Germany
该馆电话:0049-621-42989
该馆网址:https://www.technoseum.de/

德国实验科学中心
科学与艺术珠联璧合

贾 硕

德国最大的科学中心——实验科学中心（Experimenta：Das Science Center），坐落于德国巴登-符腾堡州海尔布隆市的奈卡河畔。它于2019年建成开馆，前身是该市一座历史悠久的旧仓库。建设方对其进行了大幅更新改造，最终与公众见面的是这座现代感十足的、玻璃与钢结构的5个方盒。这5个错落堆叠的方盒是该中心的5个展厅，楼顶还设有一座天文台。

实验科学中心展厅展览面积为25 000平方米，其最受观众喜爱的地方是它的多功能球幕影院——科学球幕影院，采用直径为21.5米的Spitz Nanoseam型球幕，倾角为20°。这座影院仅设有150个座位，空间宽敞舒适。科学球幕影院装备了6台Barco XDL 4K-60L和1台DP4K-30 LRGB型投影机，画面分辨率达8K，可播放3D球幕影片，帧率可达60 FPS，其数字天象系统采用了Evans & Sutherland公司的Digistar 6。

科学球幕影院最具特色之处在于座席平台可旋转180°，能使影院在舞台模式和观影模式间灵活切换，其切换时间仅需70秒。馆方可基于此设计出充满创意的活动形式和内容，将表演、科学实验与观影等完美结合。

处于舞台模式时，观众席背向球幕。球幕抬起一端的下部和外部空间构成了舞台空间，其中布置了1个可收放的平幕、左右2个耳屏、1个水幕及其配套可收放的排水系统、3个用于放电表演的特斯拉线圈，还有法拉第笼、烟雾、激光、舞台灯光等表演和实验设备。这个空间可开展演讲、研讨会、戏剧、音

乐会、实验、激光秀等多种活动，也可以观看 2D 或 3D 电影。表演中产生的烟雾、蒸汽、颗粒物由专门的排放设备处理，既不会接触或伤害到观众，也不会污染球幕等设备。贴心的建设者在表演区域安装有传感器，一旦观众误入会自动停止全部表演设备的运行，保护观众免受激光、闪电等伤害。平幕或水幕前后各有一个表演区域，演出者可以在前后两个舞台间穿梭，也可以身着屏蔽服与闪电一起舞蹈。投影画面、烟雾、激光与多种舞台道具和特效会让人感到亦真亦幻，科技与艺术珠联璧合。

处于观影模式时，观众面向球幕。由于观看姿态从俯视舞台转变为仰视"天空"，观众可以操作自己座椅上的按钮调整电动座椅仰角，舒舒服服地融入一场沉浸式节目。此时观众前方的舞台仍可用于表演等活动，也可以自动升降。德国是现代天象仪的诞生地，这个多功能球幕影院自然少不了光学天象仪，卡尔蔡司 Universarium IX 型光学天象仪可在影院中央的设备井内自动升降，使用者可以根据活动与节目类型选用。

前不久科学球幕影院上演的一部有关海盗的精彩科普剧就同时用到上述两种演出模式和多种演出设备。实践中，舞台模式可以作为观影的映前秀，当然也可以采用任何一种模式独立开展活动。戏剧、电影与科学实验等融合已在科学教育领域带来越来越多的惊喜，从实验馆科学球幕影院的案例可见一斑。

特效影院一直都是尖端影音技术与最新演艺科技的试炼场，创新是特效影院最重要的基因，期待更多的新理念、新想法与新技术应用到特效影院中。

（作者系中国科学技术馆影院管理部工程师）

参观提示

该馆地址：Experimenta-Platz，74072 Heilbronn，Baden-Württemberg，Germany

该馆电话：0049-713188795 转分机号 0

该馆网址：https://www.experimenta.science/

德国柏林技术博物馆
对技术的自豪与反思

刘伟霞

提到技术，往往想到的是它给人类社会带来的巨大福利；但是，你是否想过，技术也会有反面作用呢？柏林技术博物馆就是这样一座理性看待技术的博物馆。

柏林技术博物馆位于德国柏林市，建筑面积2.6万平方米，展厅面积5万平方米，为参观者提供了航空、航运、铁路、汽车、电影技术、计算机、化学和制药工业等多领域的精彩展示。悬挂在楼顶的"糖果轰炸机"是该馆的标志设计，它切合了该馆的建设理念——通过关注人与技术之间的关系来展示技术的历史。

柏林技术博物馆既展示了工业革命以来璀璨的技术发展成果，展现了人类克服自然局限的伟大智慧；又提醒世人，技术若利用不当会给人类社会带来负面影响，甚至是破坏作用。而对技术的自豪与反思这两种看似矛盾的观点，在该馆的展览、教育活动中却恰到好处地融合在了一起。

该馆的航空展，展示了德国200年的航空历史，千奇百怪的热气球、滑翔机、民用飞机、战斗机，以及各个年代的飞行器实物陈列在展区中，仅飞机就有40余架，展示规模极其壮观。这个展区既展示了百年来德国在飞行方面的成功实践，也展示了飞行技术带来的弊端——在战争中的破坏作用和对人的奴役。第二次世界大战期间，地毯式轰炸摧毁了欧洲城市，造成数十万平民死伤，而展区展示的一架JU87俯冲轰炸机的残骸象征着飞机在战争中造成的破坏，

馆游天下
全球科技馆里那些事儿

让人们重视那段恐怖的历史。该展区还用幸存者口述的方式，展示了战争时期工人和集中营囚犯在不人道的环境下被强迫制造德国飞机和火箭，提示人们技术也会间接奴役人类。

这里的船舶展堪称世界上最大的船舶展览之一，1100多件展品、30个主题，分3层分布在6500平方米的展览空间中，记录了世界各地千百年来的船舶制造和现代舰艇的开发历程，供人们深入了解远洋和内河航行的历史。该展览注重展示航运与文明、人和机械的关系：航运极大促进了文化和商品的交流，但也带来了战争、殖民和奴隶贸易。

柏林技术博物馆也为观众提供多种教育活动，其中学习单就是一种常见的类型。该馆提供了多条跨越展区的主题参观路线，包括"技术和自然""技术和战争""技术和人"等，观众借助学习单参观，打破了展区的限制，对技术会有更深入、更全面的认识。例如，"技术和战争"学习单，为观众提供了6件与战争有关的展品（军用机车、机车残骸、潜艇、侦察机、俯冲式轰炸机、火箭），它们分布于铁路、航运、航空3个展区中。游客沿着学习单提供的路线，依次参观这些展品，对照学习单上对这些展品含义的解读，可以发现技术发明具有建设和破坏两个方面的作用，而这取决于人类的目的。

柏林技术博物馆通过展览和教育活动，向公众传递理性看待技术的观点，尤其是让人们认识到要合理使用技术，造福人类社会，避免战争灾祸。这是一种对历史反思的难能宝贵的态度，使展览陈设的不再是冰冷的机械，而是折射出人类对和平、美好生活的期望。

（作者系中国科学技术馆展览教育中心讲师）

参观提示

该馆地址：Trebbiner Straße 9，10963 Berlin
该馆电话：0049-30-902540
该馆网址：https://technikmuseum.berlin

意大利达·芬奇科技博物馆
古今科技的对话

孙莹莹

达·芬奇科技博物馆成立于1953年,是目前意大利最大的科技博物馆,占地面积约5万平方米(图1);其建筑前身是创建于16世纪的奥利坦修道院。该博物馆收集和展示了大量关于机械及意大利科技史的重要物品,如交通、动

图1　庭院中间是圣维托雷教堂,左侧是达·芬奇科技博物馆的入口(作者拍摄)

力、信息、能源、材料等领域，以及达·芬奇的机械复原模型等，现有藏品约1.6万个。该博物馆的目标是提升人们对技术的兴趣，分享对科学的热情，让公众发现令人惊奇的历史。

该馆有很多大小不一的主题展区，其中最著名的是达·芬奇走廊（图2）。作为永久性展览，这里展示了约170个复原模型、艺术品、科技藏品等。1953年纪念达·芬奇诞辰500周年时，这些根据达·芬奇手稿复原的模型第一次向公众展出。它们追溯了达·芬奇自佛罗伦萨开始的人生历程，呈现了他在自然科学、军事、数学、建筑、机械等领域的思想和发明创造。复原工作今天仍在继续，这些复原模型不仅是独特的文化资源，还是理解达·芬奇科学和技术理念的重要工具，以激发公众对科技的探索。

这件制作于1953年的扑翼复原模型（图3）就是展厅中的明星展品。达·芬奇认为如果以足够快的速度向下压操纵杆，与其连接的扑翼就会向下运动并压缩空气，从而能托起与一名成年男子体重相当的长凳。通过研究鸭子的体重与其翅膀的比例关系，达·芬奇计算出这个扑翼的宽度和长度约为12米。如要长时间飞行，就需快速上扬和下压扑翼，利用空气力量将木板提升。如果证明可行，还可以做两个扑翼，驾驶员在中间操作，继而让自己和整个机器飞上天空。

空气螺旋桨是达·芬奇设计的最著名的机械之一，也是现代飞行器的前身。虽然他从未真正建造和测试过它，但他用笔纸准确地描绘了该机械的组成和工作原理。空气螺旋桨直径超过15英尺[①]，由芦苇、亚麻和铁丝制成；由4个站在中央的人转动曲柄来旋转它，其目的是压缩空气以实现飞行，原理与今天的直升机类似。达·芬奇相信这个螺旋桨结构较为完善并能提供足够的动力，就能制造出漩涡并升空。不过，今天的科学家并不相信这项发明能够成功带人飞行。

达·芬奇对飞上天空、俯瞰地面的向往，今天在现代科技的帮助下都实现了。该博物馆的前沿科技展区——"从太空看我们的地球"（图4），就向公众展示了通过遥感技术拍摄的地球精美图片，以"上帝视角"呈现地球的美丽与脆弱，同时遥感技术也为分析地球的水资源、大气环境、森林、农业等方面提供了重要帮助。

---

① 1英尺=0.3048米。

意大利达·芬奇科技博物馆
古今科技的对话

图2 陈列复原模型的达·芬奇走廊（作者拍摄）

图3 扑翼复原模型（作者拍摄）

馆游天下
全球科技馆里那些事儿

图4 "从太空看我们的地球"展区(作者拍摄)

而达·芬奇没有想象到的微观世界,科学家们也在不断对其进行探索。博物馆的"极限·寻找粒子"展区,就展示了这方面的科研成果。其由欧洲核子研究组织(CERN)和意大利国家核物理研究院(INFN)联合主办,它引导观众"看到"质子、中子、电子直到夸克层面的物质状态,了解大型粒子对撞机的工作原理,用多媒体互动的方式介绍了这一前沿科学领域。

除众多主题展区外,达·芬奇科技博物馆还设置了多个活动实验室,供观众参与各种实验和讨论。在这里,人们会感受到历史与未来的碰撞、过去与现代的交融。结合互动类展品和多媒体等手段更好地了解收藏品的功用和价值,发现创新和未知的领域。达·芬奇科技博物馆是小主题展览的典范,正如其服务宗旨所说,通过展览和活动提升人们对技术的兴趣,分享对科学的热情。

(作者系北京众邦展览有限公司策划部主任)

参观提示

该馆地址:Museo Nazionale della Scienza e della Tecnologia Leonardo da Vinci Via San Vittore 21-20123 Milano
该馆电话:0039-2-485551
该馆网址:http://www.museoscienza.org

希腊塞萨洛尼基科学中心暨技术博物馆
给我支点撬地球

苏 青

"希腊政府十分重视中希两国关系，希望通过这次在塞萨洛尼基科学中心暨技术博物馆（简称"塞馆"）举办中国古代科技展，进一步促进、扩大两国人民的友好交往，尤其是科技文化方面的交往。"2018年9月29日，在中国古代科技展揭幕仪式上，希腊总理驻塞萨洛尼基办公室主任阿基洛普洛斯教授在致辞中表达了上述愿望。由中国科学技术馆举办的中国古代科技展，在希腊首都雅典的赫拉克莱冬博物馆结束为期11个月的展览后，正式启动在位于希腊北部的塞馆（图1）巡展。

塞萨洛尼基是希腊第二大城市，临爱琴海北部塞尔迈湾，已有2330多年的建城历史，曾为古代马其顿王国的京城，是欧洲文化城市。中国科学技术馆访问团到达希腊的当天傍晚，就受到塞馆理事会主席米查理斯·希格拉斯教授，以及一周前刚从北京参加中国科协举办的"2018世界公众科学素质促进大会"回国的塞馆馆长塔纳西奥斯·康托尼古拉奥博士，在塞尔迈湾海滨音乐餐厅的热情招待。新朋老友把酒言欢，共同欣赏爱琴海美丽的落日。灿烂的晚霞如同古希腊文明绚丽辉煌，遥望对岸的奥林匹斯神山，引人无限遐想，令人万分感慨，我遂作《如梦令》词一首，以表情怀。"云聚光晕山错，五彩斑斓圆阔。碧海漾风情，古乐干红鬓朵。归落，归落，老友新朋迎握，塞尔迈湾日落。"

中国古代科技展是中国科学技术馆的传统品牌展览，曾在北美、欧洲、东南亚十几个国家和地区的20多个城市展出，成为中国科学技术馆对外交流的

馆游天下
全球科技馆里那些事儿

图1 塞萨洛尼基科学中心暨技术博物馆俯瞰图（本图来自该馆官网）

名片。这次在希腊的巡展精选了中国古代天文计时、航海导航、造纸、印刷、纺织机械、古代机械及传统手工艺等6个领域共88件展品，通过实物、模型、图片陈列和视频播放，以及现场传统手工艺演示等方式（图2），向希腊人民展示中国古代科技成就，讲述中国古代先哲的发明创造故事。

中国、希腊同为文明古国，历史上都产生了许多伟大的哲学家和科学家，如中国的孔子、孟子、老子、张衡、张仲景、祖冲之，希腊的柏拉图、苏格拉底、亚里士多德、阿基米德、毕达哥拉斯，都为人类科技文化发展做出过巨大的贡献。以数学和几何为例，早在公元前1000多年的西周，商高就提出了"勾三股四弦五"的勾股定理特例。在公元前6世纪的古希腊，毕达哥拉斯用演绎法证明了直角三角形斜边平方等于两直角边平方之和，得到了著名的毕达哥拉斯定理。公元前200多年，古希腊伟大的哲学家、科学家阿基米德开创了人类历史上通过理论计算圆周率近似值的先河，求出了圆周率的下界和上界分别为223/71和22/7，并取其平均值3.141 851为圆周率的近似值；同时期中国的《周

希腊塞萨洛尼基科学中心暨技术博物馆

给我支点撬地球

图2 在塞萨洛尼基举办的中国古代科技展（作者拍摄）

髀算经》中就有"径一而周三"的记载，意即圆周率的值为3。东汉时期，著名科学家张衡得出了 $π^2/16 ≈ 5/8$，即 $π ≈ 10^{1/2}$（约为3.162）。公元263年，数学家刘徽用"割圆术"计算圆周率，给出了 $π=3.141\ 024$ 的圆周率近似值，遂后得到了更令人满意的圆周率 $3927/1250 ≈ 3.1416$ 值。公元480年左右，数学家祖冲之给出了不足近似值 $3.141\ 592\ 6$ 和过剩近似值 $3.141\ 592\ 7$ 的圆周率值，使圆周率值精确到小数点后7位。由此可见，中国和希腊的古代贤哲在遥远的不同地域共同为人类的科技发展和文明进步贡献了自己的智慧。

塞馆既是希腊最大的科普场馆，也是东南欧最大的科技馆，拥有3个常设馆和2个临展厅。常设馆包括：反映古希腊科技成就的古希腊技术展；围绕基础科学知识进行展教体验的创意中心；展示各个发展时期汽车藏品的交通技术展。中国古代科技展被安排在该馆二层最大的临展厅展出，开幕式也被特意安排在周末当地参观民众最多的时间段举行。

塞馆还拥有一座数字天文馆（设有150个座位）、一座球幕影院（设有200个座位）、一座巨幕影院（设有300个座位），以及一座动感影院（设有16个座位）。中国科学技术馆和塞馆的展厅结构、布局十分相似，各自的古代科技展均为品牌展览，具有很强的相似性和互补性。赫拉克莱冬博物馆的古

馆游天下
全球科技馆里那些事儿

希腊科技与艺术展曾在中国科学技术馆展出4个月，观众达13万人次，大受欢迎、广获好评。米查理斯·希格拉斯主席表示，希望塞馆能与中国科学技术馆长久合作，且该馆的古希腊技术展也能在中国科学技术馆展出。

塞馆由法国著名建筑师邓尼斯·岚明设计，外形犹如一根巨大的杠杆在撬动一大圆球，意蕴阿基米德的名言"给我一个支点，我就能撬动整个地球。"笔者希望，中国古代科技展如同阿基米德所言支点，两馆成为促进中希科技文化交流的杠杆，共同为增进两国人民友谊和推动"一带一路"实施做出更大的贡献。这正是："给我支点撬地球，阿基米德话耳犹。四两巧拨千斤重，一轮偏航百里纠。古今科技相承脉，中西合作互助谋。开放纳新乘风浪，改革祛瘀立潮头。"

（作者系时任中国科学技术馆党委书记、副馆长）

参观提示

该馆地址：6th Km Thessaloniki Rd., Thermi, Thessaloniki 570 01, Greece
该馆电话：0030-2310-483000
该馆网址：http://www.noesis.edu.gr/

英国催化剂科学发现中心
承载历史与未来

苑 晓

英国催化剂科学发现中心(简称"科学发现中心")位于英国柴郡威德尼斯小镇,由当地多家化学工业公司共同出资兴建(图1)。建馆初衷是增进工业界与公众的联系,服务公众,现由一家慈善信托基金负责运营。科学发现中心是一座以化学和化学工业史为中心的科学中心和博物馆,它致力于激发公众对科学的兴趣,启发公众探索化学工业背后的科技,并了解化学工业对过去、现在生活的影响。

图1 英国催化剂科学发现中心外观(作者拍摄)

馆游天下
全球科技馆里那些事儿

科学发现中心原本坐落于一幢由化学工业公司总部改造的4层建筑中,为方便公众参观,后期增加了一台玻璃电梯和一个封闭的玻璃屋顶。它践行"无边界博物馆"的理念,将室内外都打造成了具有教育功能的空间。科学发现中心室外的休闲广场上是带有化学元素的儿童游乐设施,孩子们在玩耍中就能了解一些化学知识。

科学发现中心现有的两个展区,为揭示原理的科学展区和回溯过去的历史展区。科学展区的彩色打印机成像原理、防晒霜性能测试、苹果生长过程、食品包装材料等展项,以贴近日常生活的内容启发公众了解化学工业对现在生活的影响。"聪明的替代"和"打滑的表面"两个展项展示了化工合成材料在日常生活中的作用,因为这些合成材料不仅可以替代天然材料,而且具有天然材料所不具备的特殊性能。设想如果不使用任何化学工业产品,我们的日常生活将会怎样?为了让公众了解化学工业背后的科学技术,展区还展示了流化床反应器和小型反应装置(图2)。流化床反应器采用一个鼓气的沙浴装置和若干塑料小球模拟了工业中流化床反应器的工作原理和物料反应过程。小型反应装置模拟了一个简单的化工生产过程,观众可以操作开关将反应物从储存罐运到反应器中反应。这个展览遵循着增进工业界与公众的联系、服务公众的初衷,并以互动展项来激发公众对科学的兴趣。

图2 小型反应装置(作者拍摄)

英国催化剂科学发现中心
承载历史与未来

历史展区讲述了化学工业产业从诞生到现代化的故事。古埃及、古希腊、古中国、古印度等很早就开始了制作涂料染料、制备火药、浇筑青铜器等初步化工实践，但直到19世纪初才开始形成现代化学工业。展区通过画像、信件、产品获奖证书、肥皂、化学实验室设备（图3）和高压操作间设备等真实展品，讲述了英国柴郡现代化学工业的发展历程。该展区还展示了19世纪初制碱工人使用的生产工具，有四五米长、几十千克重，再现了产业工人工作的辛苦和产业兴起时的状况。科学发现中心通过这些真实、富有历史感的展品，增进了公众对于化学工业历史的了解。

观景台的"垃圾填埋"展项通过简单的道具模拟了垃圾填埋的过程，在特定的填埋场地铺设好土工布层、砾石层、排水系统层后才能进行垃圾废物填埋，填埋后上面还需要覆盖黏土、土壤和灌木，中间还需要接入管子引出垃圾发酵的气体。填埋过程用到的很多材料来自化学工业合成，因此这也是化学工业影响现代生活的一个例子。科学发现中心面向不同年龄段学生开放教育活动，如探究性科学实验、垃圾处理场调查研究、自来水厂调查研究和青少年科学家俱乐部等。它还会定期邀请化学工业领域的化学家和工程师来参与教育活动、分享行业成就，以此来激发学生们对科学研究的兴趣，提升科学研究能力。

英国催化剂科学发现中心既是一家忠实记录历史的博物馆，又是一家激发

图3 化学实验室设备
（作者拍摄）

公众科学兴趣、展望未来的科学中心,同时承载了历史与未来。更重要的是,不论其展示内容和形式如何变化,它的建馆初衷始终是增进工业界与公众的联系、服务公众。

(作者系中国科学技术馆观众服务部高级工程师)

参观提示
该馆地址:Mersey Road Gossage Building WA8 0DF Widnes,UK
该馆电话:0044-151-4201121
该馆网址:https://www.catalyst.org.uk/

英国国家计算机博物馆
最高机密解码地

杨军　Cindy Kemball-Cook

英国国家计算机博物馆（图1）位于伦敦以北约70千米处的布莱切利园内，虽然外观朴实无华却内藏乾坤。第二次世界大战时期，这里是英国秘密军事解码基地，也是英德两国信息战交锋的战场，这里上演着间谍电影里才能看到的截获密电、计算破解的惊险桥段。

图1　英国国家计算机博物馆外观（第二作者提供）

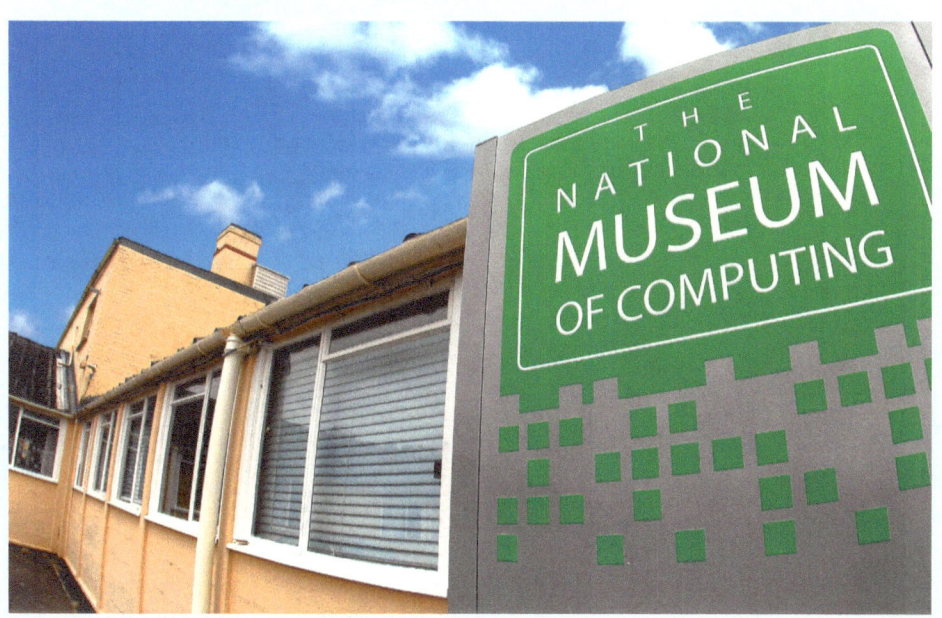

馆游天下
全球科技馆里那些事儿

在这里，很多展品背后都隐藏着惊心动魄的故事。2014 年 9 月该馆举办了一场第二次世界大战老兵聚会，当年使用巨人计算机（Colossus Computer）破译敌军密码的 8 名女兵到场。此外，当年一些参与开发和运维的技术人员亲属也来到现场，追忆共同战斗的岁月。

和老兵们并肩作战的 10 台巨人计算机是由电话工程师托米·弗劳尔斯设计的，这些巨型怪兽在布莱切利园不分昼夜地解密德军高级司令部最复杂的加密军情，实际上它们组成了全球第一座计算机中心。第二次世界大战结束后由于巨人计算机涉及国家最高军事机密，而被全部销毁，直至 20 世纪 80 年代关于它们的机密档案才被世人知晓。

英国国家计算机博物馆的联合创始人托尼·塞尔和他的志愿者团队花费 14 年时间按残存的电路碎片和当时所拍照片复制了当时的巨人计算机。如今复制品（Colossus Mark II）被安置于 1945 年 9 号计算机的位置上（图 2）。

巨人计算机破解的是第二次世界大战后期德军高级指挥部使用洛仑兹（Lorenz）密码机加密电文，而在战争初期，英国则使用阿兰·图灵和戈登·韦尔奇曼共同研制的图灵炸弹机（Turing-Welchman Bombe）破解了德方的恩尼格玛密码机（Enigma）。这种密码机的设计初衷是商业领域的信息加密，要想破译它，就要试验每个字母所对应的 1590 亿种可能，因此恩尼格玛密码机被

图 2　巨人计算机复制品（其有 1500 个阀门，无内存，使用纸带读取数据，第二作者提供）

德方视为牢不可破,并作为标准装备,为德国三军配备了2万多台。

靠人工无法完成如此巨量的计算工作,因此图灵提出以机器来对抗机器。1940年图灵炸弹机问世后,成效显著,于当年5月8日破译出德军的第一封电报。随着破译的情报越来越多,在如何使用方面,英国曾面临艰难抉择。1940年11月,图灵炸弹机破译出德军即将在14日实施月光奏鸣曲计划,空袭考文垂的情报。为了不让德军知道加密电文已被破译,英国忍痛没有采取防范措施,结果考文垂遭到毁灭性打击:500多家店铺和5万多间民房被炸毁;12家飞机零件工厂处于瘫痪状态;空袭共炸死554人,炸伤4800多人。虽然损失惨重,但是对整场战争来说,保护了图灵炸弹机的安全,就是为战争最后胜利奠定基础。

1944年6月,在图灵炸弹机破译情报的帮助下,盟军成功在诺曼底登陆,开辟了第二战场。曾做出牺牲考文垂决定的丘吉尔曾说:"还记得考文垂吧,从那以后,我们就是一直捏着德国人的脉搏打这场世界大战!"

图灵炸弹机所破译的情报帮助盟军取得了一次又一次胜利。有历史学家认为,这些破译的加密电文,至少使战争提前两年结束,也至少挽救了1400万人的生命。

目前,复制的图灵炸弹机(图3)正被置于英国国家计算机博物馆中,向

图3 复制的图灵炸弹机(第二作者提供)

观众诉说着那些惊心动魄的故事。

除了战争时期的解码机，该馆还展示了不少计算机发展史上具有重要意义的老爷机，如第二次世界大战后英国自产的早期计算机——延迟存储电子自动计算器（EDSAC）。它于1949年首次在剑桥大学使用，标志着计算机编程作为一门专业开始向学生传授，许多技术术语，如"子程序"是由EDSAC的程序员创造的。

还有世界上最古老的原始办公计算机——1951年生产的哈维尔·德卡特隆（Harwell Dekatron）计算机，亦被称为WITCH。它是一台慢速运转的机器，计算的结果虽然只比熟练的计算器操作员快一点，但计数更准确，并且与计算器操作员不同，其可全天候工作。如今它是一个最佳教学设备，学生可以通过它观看数据从纸带输入到存储器，通过计算再到打印输出的完整计算机程序。这是一台生命顽强的机器，几次逃脱被报废的命运，今天它闪烁的灯光和点击的噼啪声令观众着迷。

这就是英国国家计算机博物馆，历史、文化与科技藏品交织出了一个动人的故事等着您来阅读。

（本文第一作者系中国科学技术馆科研管理部高级工程师，第二作者系英国IEL展览公司项目总监）

参观提示

该馆地址：Block H，Bletchley Park，Milton Keynes，MK3 6EB，London
该馆电话：0044-1908-374708
该馆网址：https://www.tnmoc.org/

英国伦敦科学博物馆
用艺术温暖科学

刘 巍

伦敦科学博物馆（图1）的数学展馆（Mathematics：The Winton Gallery）于2018年12月8日正式向公众开放。此展馆的空间及展示设计师是著名建筑师扎哈·哈迪德（Zaha Hadid）女士。这位出生于巴格达的伊拉克裔设计师一生获奖无数，被称为建筑界的"解构主义大师"，可惜她于2016年因突发心脏病去世，无法看到该展馆的竣工。

展馆的内部结构非常具有艺术性，其灵感源自1929年一架名为Handley Page 的飞机成功飞行，设计师根据航空工程的气流公式画出了飞机飞行时机身周围的空气流线，并以此设计出灵动流畅的三曲面造型。哈迪德说，她的设计初衷是"充分体现出数学在我们日常生活中产生的诸多影响和作用，将看似非常抽象的数学概念转变成一个具象的物质形式"，从而让观众产生兴奋的互动体验。因此，馆内展品的时空跨度很大：既有17世纪的星空图，也有第二次世界大战时期的密码机；既有手持数学运

图1　伦敦科学博物馆建筑外观（岳丽媛拍摄）

算工具,也有前面说到的那架1929年的飞机。该馆不光整体结构精妙灵动,其配套灯光设计还一举拿下了第35届国际照明设计师协会(IALD)国际照明设计大奖的优秀奖。

事实上,哈迪德并不是伦敦科学博物馆合作的第一位大牌艺术家,在这座博物馆中随处可见各种风格艺术家的设计作品,如材料展区的一件展品就出自英国的设计鬼才托马斯·赫斯维克(Thomas Heatherwick)。他是目前国际上炙手可热的建筑设计师,作品遍布世界,备受瞩目的2010年上海世博会英国馆的"圣殿种子"(又名"蒲公英")就是他的作品。

这样一座充满艺术氛围的博物馆无疑会让观众在参观过程中心情愉悦,激发科学兴趣的同时,带来了美的享受。那么为什么一座以科学和工业为主题的博物馆会这么注重展览的艺术表达呢?这就要从它的历史说起了。

伦敦科学博物馆的历史可以追溯到1851年在英国举行的万国工业博览会。由于该博览会取得了社会与经济效益的巨大成功,会后这些展品被保留下来,并于1857年迁入了新建成的南肯辛顿博物馆并向公众开放。作为世界上首家采用煤气照明的博物馆,南肯辛顿博物馆可谓是"高端大气上档次",不过它更该被世人记住的点在于——它是后来世界闻名的维多利亚与艾伯特博物馆与伦敦科学博物馆的前身。

当时南肯辛顿博物馆的藏品主要为工业与装饰艺术品,还有一些与科学相关藏品,如畜产品、食品、教育器材、建筑材料等。这样的收藏定位和其首任馆长亨利·科尔(Henry Cole)爵士关系密切。

生于1808年的亨利·科尔既是英国著名的工业设计师,也是英国博物馆界的传奇人物。他一直对艺术抱有浓厚兴趣,曾师从英国著名风景画家大卫·考克斯(David Cox),并在皇家艺术学院举办过个人素描画展。

作为皇家艺术、制造和商业促进会成员,科尔以优秀的沟通能力成功游说政府支持他提高工业设计标准的运动,并获得了女王丈夫阿尔伯特亲王的绝对信任和赞助。他于1847年、1848年、1849年成功举办了三届制造艺术展,并极力筹划,促成了1851年万国工业博览会。

有这样的经历和经验,一点也不奇怪科尔能于1857年被任命为南肯辛顿

英国伦敦科学博物馆
用艺术温暖科学

博物馆首任馆长。他的理念为博物馆是所有人的教室，其使命是通过对设计师、制造业从业人员及消费者进行科学与艺术方面的教育，提高全英国的工业水平，而向公众展示最好的艺术和工业设计相结合的范例则有助于完成这一使命。

1893年南肯辛顿博物馆被拆分为维多利亚与艾尔伯特博物馆和伦敦科学博物馆。艺术收藏被迁入前者，而关于科学与工程技术的展品则被留在伦敦科学博物馆中。虽然藏品"分家"了，但亨利·科尔所注入的科学与艺术相结合的基因却并没有被抹去。在他之后，伦敦科学博物馆的多位馆长都有曾在艺术相关部门或机构任职与工作的经历，科学相关艺术品的馆藏数量也不断增长。

目前，伦敦科学博物馆共有7606件艺术类藏品，包括绘画、素描、印刷品和雕塑，这些艺术品能让观众在更为广阔的文化情境中理解科技的发展及其对社会文化的影响，让我们在今天得以看到一座用艺术温暖科学与技术的博物馆。

（作者系中国科学技术馆科研管理部副研究员）

参观提示

该馆地址：Exhibition Road, South Kensington, London, SW7 2DD

该馆电话：0044-33-00580058.

该馆网址：https://www.sciencemuseum.org.uk/

北美洲

NORTH AMERICA

美国旧金山探索馆
让科学绽放艺术之美

刘玉花　莫小丹

美国旧金山探索馆从建馆之初就非常重视艺术家参与展品研发,其创始人弗兰克·奥本海默认为,探索馆对艺术的高度重视,使它从根本上有别于其他科学博物馆。他说:"将艺术包容进来,并非单纯是为了让展品看起来更加漂亮,尽管艺术通常也的确为展品增添了美感,而主要是因为艺术家对自然的探索与物理学家或生物学家大异其趣……为了充分理解大自然及其对人类的影响,艺术和科学二者都是不可或缺的。因此,在探索馆里,艺术与科学相互交融,共同成为整体教学法的一个部分。"

探索馆兼具科学性和艺术性的早期展品,主要反映的是自然现象,如光的反射或偏振。展品阳光彩绘(Sun Painting)利用最简单的调色板和三棱镜设计了一面阳光艺术墙,其创作者罗伯特·米勒是研究光色散领域的专家。其后,在对展品设计进行迭代时,又利用多媒体展示手段加入全息投影效果,让光束色彩能够自动变化。当观众接近阳光艺术墙时,立刻被不断变化的七色光环绕,仿佛进入了一个梦幻般的童话世界。诸如此类的展品还有色彩阴影(Colored Shadows)、极光(Aurora)、像素桌(Pixel Table)、色彩圈(Colored Circles)等。

探索馆能够不断涌现出富有美感的科技展品,得益于其鼓励艺术家参与展览展品研发的机制,其中延续性和影响力最大的是驻馆艺术家项目(Artists-in-Residence Program),该项目鼓励艺术家以跨学科的方式观察、

理解、表达，通过艺术家和展品制作团队的长期合作，帮助艺术家将其作品更好地传达给观众。自1974年以来，该项目共吸引了数百位艺术家加入，其工作模式是探索馆向艺术家支付报酬，并为他们的创作提供时间、空间和设备及人力和物力支持。作为交换，驻馆艺术家要在探索馆举办展览，展示其作品。艺术家和展品制作团队（教育者、展品设计人员）之间的合作，以一种互动的、迭代的、基于经验的方式进行，这可以提升探索馆展览设计人员的审美能力，同时又有利于艺术家将艺术与科学结合，全方位表现和反映自然现象及社会生活。

自2013年开始，该项目进行了更为深入的合作模式探索，包括扩大艺术家范围、延长合作年限、拓展展览展品领域等。探索馆每年邀请2～4位驻馆艺术家，并将驻馆时间延长至3年以上。例如，2014年邀请的驻馆艺术家是罗斯藤·吴，既是艺术家，也是设计师、作家和教育工作者。他驻馆5年，其艺术创作项目帮助人们更好地理解复杂系统，调整自己与居住地的关系，并参与群体决策。2018年驻馆的希瑟·杜威·哈哥伯格，也是一位跨学科的艺术家和教育家，她的艺术创作项目旨在帮助观众理解"陌生人的视角"，她对收集自公共场所的头发、烟头、嚼过的口香糖等材料进行遗传学分析，最终以雕塑的形式展示人作为社会性动物及人类的各种行为的生物学意义。2019年该项目展示的是艺术家特里斯坦·杜克的作品。杜克表示，他在探索馆完成作品的历程并非一帆风顺，他本身具有摄影和全息技术的背景，对光学和视觉科学有着浓厚的兴趣，他与探索馆的设计人员合作，尝试了各种概念性的探索和原型改进，最终制作了展示全息原理的沉浸式作品"光圈——最亮的星"——在探索馆的黑匣子展区内，从远处看是一个空白的立方体，中心是巨大的白色空间；走近观察，从立方体中投射出一个全息光球；当观众完全置身于白球中，光球会分解成碎片。这种惊人的视觉效果完全借助于光线，而没有使用电能或数字技术。

正是因为建立了相对完备的工作机制，探索馆为艺术家参与展览展品研发创造了有利条件，才能使艺术家为探索馆创造了250多件融科学

美国旧金山探索馆
让科学绽放艺术之美

与艺术于一体的展品,通过各种类型的艺术表达使科学散发出更耀眼的光彩。

(本文第一作者系中国科学技术馆科研管理部副研究员,
第二作者系中国科学技术馆科研管理部助理研究员)

参观提示

该馆地址:Pier 15(Embarcadero at Green Street), San Francisco, CA 94111
该馆电话:001-415-5284444
该馆网址:https://www.exploratorium.edu/

美国肯尼迪航天中心
感悟人类航天精神之旅

齐 欣

在美国东部佛罗里达州东海岸的卡纳维拉尔角,坐落着美国国家航空航天局(NASA)进行载人与不载人航天器测试、准备和实施发射的重要场所——肯尼迪航天中心(图1)。在这里美国成功发射了第一颗人造卫星,"双子星座"

图1 肯尼迪航天中心观光区入口(作者拍摄)

美国肯尼迪航天中心
感悟人类航天精神之旅

号和阿波罗号飞船,"哥伦比亚"号、"奋进"号、"亚特兰蒂斯"号航天飞机,"天空实验室"及各种行星际探测器等也都从这里飞向太空,这里就是美国航天发射的中枢基地。

从 2003 年开始,"有效的科普活动和公众参与活动"就被视为"NASA 每一个机构和每一项任务的主要目标之一"。正是基于教育和科普的目的,NASA 将航天事业的神秘感与公众的好奇心巧妙对接,把肯尼迪航天中心的一部分改建成了航天科普的主题公园。在这里,最有现场体验感的当属巴士之旅了!游客乘坐园内大巴在工作人员的引导下,可近观航天器总成大楼、运送航天器的通道、火箭发射台等,还可参观阿波罗-土星 5 号中心,开启一段了解航天科技、感悟航天精神的震撼旅程。

乘坐观光区的游览巴士,首先可以看到一个巨大且方正的地标性建筑物——航天器总成大楼,据介绍它是世界上最高的单层建筑,高达 160.3 米,可以同时组装 4 组运载火箭或航天飞机。从总成大楼到两个发射架之间用于运输火箭或航天飞机的石砟路面上,有一辆履带式"钢铁巨兽"——"爬行者"运输车,其载重达到 8100 吨,是世界第二大可转向运输车,每个履带驱动轮组都有两层楼高;同时它还是一台极为精密的机器,在 20 世纪 60 年代就能克服 5% 的路面坡度,将 100 多米高的土星 5 号运载火箭直立送到发射场,确实是一项非常了不起的技术成就,直到今天也没有被取代。

随着游览巴士的行驶,远远可以看到 39 号发射场(LC-39)两座高擎矗立的发射架,其中 LC-39A 发射架执行了 6 次阿波罗登月飞行的发射任务;而 LC-39B 则是航天飞机的发射平台。下车站在观察点可远观高高的发射架(图 2),而低头,路面上被烈焰灼烧过的痕迹便会映入眼帘,它们仿佛正向游客诉说着火箭腾空升起时,那排山倒海、地动山摇的震撼情景。

肯尼迪航天中心曾取得不少人类航天史上的重要成就,同时也经历过若干次震惊全球的航天事故。在 LC-39B 发射平台附近,陈列着"挑战者"号航天飞机的巨大遗骸,其周边还零星散落着一些部件,让人们感受到了发射失败的惨烈与悲壮。这里也和游客服务中心附近的一件特别展品——太空纪念镜,形成了呼应。那是一块镌刻殉职宇航员名字的巨大黑色花岗岩镜,他们的名字被

馆游天下
全球科技馆里那些事儿

图 2　发射架（作者拍摄）

不停地从背面点亮，看起来就像悬挂在漆黑夜空中的点点星辰。无论是巨大的航天飞机遗骸，还是一个个闪烁在夜空中的陌生姓名，都让参观者在心中充满敬意，无关国家和国籍，这些为探索太空奥秘、开拓航天事业而英勇牺牲的人堪称全人类的航天英雄！

继续搭乘游览巴士前往阿波罗－土星 5 号中心，结束了只能远观的行程，给人们近距离观察和体验一些"真家伙"的机会。在这里可以通过实物和视频，了解土星 5 号运载火箭载运阿波罗 11 号飞船实现人类第一次登上月球伟大壮举的全过程。巨大的车间展厅高高支撑起长 111 米、直径为 10 米的三级运载火箭土星 5 号（图 3），还陈列着空中指挥检测舱和登月舱等，这是 20 世纪 60 年代末和 70 年代初美国制造的 15 枚火箭之一。土星 5 号是世界上最大的运载火箭，观众看到由直径约为两个人身高的发动机喷嘴、数以万计的管线设备、机械零件和电子仪器组装成的庞然大物，无不惊叹人类卓越的聪明才智与超凡的科技水平。

巴士之旅一路走来，NASA 将辉煌成就与惨烈失败坦然展示于人前，引导人们正确认识科学发展中的"失败"、倡导"宽容失败"，从而激发后辈更加

美国肯尼迪航天中心
感悟人类航天精神之旅

图3　土星5号运载火箭（作者拍摄）

努力投身于科技创新之中。古往今来，人类探索太空的脚步从未停止，航天英雄们献身科学、敢于挑战的航天精神，也定会被不断传承下去并被发扬光大！

（作者系时任中国科学技术馆科研管理部主任，
现任中国科学技术馆展览教育中心主任）

参观提示

该馆地址：Kennedy Space Center Visitor Complex, Space Commerce Way, Merritt Island, FL 32953

该馆电话：001-855-4334210

该馆网址：https://www.kennedyspacecenter.com/

南美洲

SOUTH AMERICA

巴西国家博物馆
灾后重建的涅槃之路

常 娟

2018年9月2日晚，位于里约热内卢的巴西国家博物馆发生大火，馆藏超过2000万件考古学和人类学文物，约九成付之一炬。大火过后，巴西国家博物馆开始了灾后重建工作。

硬件再造，夯实修复基础

该馆有着200年的历史，建筑主体以木质结构为主，大约80%被大火烧毁，整座建筑面临着崩塌风险。救援工作是重建工作第一步，这是今后重建博物馆技术研究的基础，包括清理场地与建筑加固工作：建造由金属制成的临时独立屋顶，对博物馆主体3层建筑进行全面加固；从废墟中搜寻和抢救文物，确认展品碎片等所有材料在从现场移除前是否还有复原的可能及其重要性和历史价值；为回收藏品材料进行编号，该阶段一直持续至2020年6月底；清点已回收材料并提交报告。这些仅为巴西国家博物馆重建的前期工作，却也是一项非常困难的工作。

经历大火之后，文物都非常脆弱，需要有策略地进行工作。重建的第二步是将所有重建工作分为4期工程，分批进行修复开放，并在原有建筑的基础上拓展更多的新展厅，包括清洁、保存、资料记录、修复被损文物、借助照片或3D成像技术复制被毁文物等。

科技重塑，助力文化传承

根据数字资料重新制作复制品成为巴西国家博物馆灾后重建的重要举措。2019年1月10日，腾讯QQ浏览器携手巴西国家博物馆开启数字巴西国家博

馆游天下
全球科技馆里那些事儿

物馆资料征集活动，如数字影像资料、文字记录等。该馆于2019年9月正式面向公众开放。据了解，其上线的700个数字档案，有超过300件藏品由巴西国家博物馆官方合作授权，400件被焚毁文物由民众共同捐献资料，数字化重建而来。

巴西国家科技研究所还尝试通过3D打印技术，让部分藏品"起死回生"。研究所在过去的18年里为满足考古学家和古生物学家的研究需要，陆续对巴西国家博物馆内藏品进行3D数据采集，馆内300余件珍贵文物或可通过3D打印的方式得以复原。灾后重建过程中，还在打印材料中加入火灾现场的黑炭，打印出的复制件不仅是对藏品的复原，也是对这段伤痕的铭记，还是一种对文化纪念的方式。

传播力推，铸成教育灵魂

巴西国家博物馆还是巴西重要的科研基地。为了继续承担其研究、传播、教育的职能，昆虫学部门的学者们收回了一些外借的标本，替换被毁坏的藏品，还得到了收藏家们慷慨的捐赠，研究人员甚至冒险进入亚马孙和巴西周边地区收集新样品。除文物修复外，该馆还面向社会启动博物馆重建项目招标。

巴西国家博物馆重建的第三步就是建设一个新的文化教育中心，包括约1000平方米的常设展区、800平方米的临展区和200平方米的儿童互动区。同款创意乐高模型可以让观众通过亲手搭建的方式复原这座古老的博物馆，也成为巴西国家博物馆灾后重建的一种方式。该馆在重修期间仍为公众提供展览。2019年1月16日，在里约热内卢的造币博物馆内举办"当世界未被冰封：南极洲的新发现"特展，这是巴西国家博物馆自大火后首次对公众开放的免费展览，展示了巴西南极科考队的最新发现与研究。展览中有一块翼龙的骨骼化石，是人类首次在南极洲发现的大型爬行动物化石，这一重要展品也成为本次展览的最大亮点。除了展览外，教育中心还会组织一系列研究、教育活动，以实现博物馆的研究、传播、教育目的。

灾难是一道深深的创伤，敲响了人们心头的警钟。要让记载历史、传承文化的博物馆既"保得住"，又能"传下去"，其保护机制应与时俱进，运用更先进的手段、更专业的技术、更智慧的途径，建立一个科技化、系统化、安全化、全覆盖的长效机制，呼吁各方加强对博物馆的重视工作，打造智慧博物馆、推动文物数字化保护，营造出一个珍惜博物馆的社会是至关重要的。

（作者系中国科学技术馆发展基金会办公室副主任）

参观提示

该馆地址：Quinta da Boa Vista, São Cristóvão, Rio de Janeiro – RJ
该馆电话：0055-21-3938-6900
该馆网址：https://www.museunacional.ufrj.br/

大洋洲

新西兰奥塔哥博物馆
讲述新西兰人的自然故事

黄乐乐

奥塔哥博物馆（Otago Museum）位于新西兰南岛奥塔哥区的达尼丁，紧邻奥塔哥大学，由詹姆斯·赫克托爵士建立于1868年，迄今已有超过150年的历史。目前馆内拥有150多万件来自世界各地的藏品，分享着奥塔哥、新西兰，乃至世界的自然、文化和科学故事，是新西兰最杰出的博物馆之一（图1）。

图1 奥塔哥博物馆外观（作者拍摄）

馆游天下
全球科技馆里那些事儿

奥塔哥博物馆对新西兰本土,尤其是南部地区的自然故事尤为关注,大到7米长的史前海洋爬行动物蛇颈龙化石,小到作为染料的石块,远到生活在2.2亿年前的鳄蜥活化石,近到奥马鲁(Oamaru)小蓝企鹅的标本,都毫不含糊地以极其精巧和艺术的形式展示了出来。新西兰人对大自然的热爱体现在他们相信大自然是人类的母亲,一切生命起源于大自然。对自然资源的多样化利用使人们得以在新西兰南部地区生存和繁衍,并改造了这片土地,但人类并没有拥有土地,而是土地拥有人类。

南部地区的土地和人民、自然画廊、动物阁楼、太平洋文化等展厅都细腻地展示了自然和人文的交织,几乎每一个展品都有自己的故事。步入南部的土地,穿过由摩拉基巨石、南秧鸟和金色方块模型组成的半圆形拱门,迎接参观者的是一个当地土著毛利人模型,头顶上方的夜空闪烁,如同公元950年时一样——根据某些传统推测,这是毛利人到达新西兰的日子。

1000多年前,毛利人乘坐独木舟来到新西兰岛定居,用亚麻编制衣物,用动物羽毛和骨骼进行装饰,以捕猎和打鱼获取食物,通过雕刻岩石、木头和贝壳等记录文化,利用东西走向的怀卡托河运输物品。在与大自然的互动中,毛利人形成了特有的文化特征和神话体系,在他们看来,是大自然为人类提供食物,使人类得以生存繁衍。已灭绝的恐鸟就是食物的一种,这种拥有庞大身躯的鸟类,高度可达3米,上肢退化不能飞翔,运动主要靠下肢。奥塔哥博物馆精确还原了恐鸟的骨骼模型(图2),这是世界上最完整的恐鸟骨骼展示,并在此基础上重建了1∶1比例大小的恐鸟模型,附上一根根羽毛,放置在逼真的立体背景中,让参观者身临其境感受遥远时代的野外场景。

19世纪欧洲人开始大规模移民,新西兰的自然环境遭到进一步的破坏,许多新西兰独有的物种逐渐灭绝。随着环保意识的觉醒、环保政策的实施和毛利人自有的文化体系影响,新西兰人对待自然的价值观逐渐形成。如今,新西兰人会记录每天归巢的小蓝企鹅数量,会为每一只海洋生物贴上标签,并帮助它们建造栖息巢穴;野生动物作为人类连接大自然的重要媒介,非常受重视。奥塔哥博物馆展览了新西兰从古至今的各种野生动物,其中颇受关注的是于2009年在但尼丁北部的海滩找到的海豹奥塔希,这是一位生育了几只幼崽

新西兰奥塔哥博物馆
讲述新西兰人的自然故事

图2 恐鸟的骨骼模型（作者拍摄）

的母亲，长3米，近300千克。奥塔希死于肺癌，奥塔哥博物馆将其制成标本（皮肤被巧妙地剥去后安装在定制的模具上进行缝合，178个骨头则被单独衔接起来，整个过程耗费了好几个月，图3）。展区内奥塔希的皮毛以相同的位置安装在关节骨骼下方，能够让参观者对海豹的内部结构和外部形状进行清晰对比。

　　从草到黄金、从海豹到亚麻、从黏土到煤炭，可利用的自然资源塑造了新西兰南部地区的人类故事，而这些故事反过来又在景观上留下印记。新西兰的人类历史是和自然交织在一起的，新西兰人对大自然的热爱和敬畏，既是对历

163

馆游天下
全球科技馆里那些事儿

图3 海豹奥塔希标本(作者拍摄)

史的致敬,也是一种文化传承,奥塔哥博物馆就是这种理念忠实的践行者。它关注自然中的一草一木、一石一鸟,通过自然变迁讲述人类故事,以精致的展品和富有艺术性的陈列形式,细腻挖掘新西兰的自然、历史与文化,传承本土,迈向未来。

(作者系中国科普研究所助理研究员)

参观提示
该馆地址:419 Great King Street,Dunedin,New Zealand
该馆电话:0064-3-4747474
该馆网址:https://otagomuseum.nz/

馆游天下

策划·展品

亚 洲

上海玻璃博物馆
走近生活的玻璃艺术

高梦玮

在上海市宝山区长江西路685号,坐落着一个极具现代艺术气息的建筑群,它就是创立于2011年的上海玻璃博物馆(图1),其前身是上海玻璃仪器一厂。

图1　上海玻璃博物馆外观(作者拍摄)

该馆曾入选美国有线电视新闻网（CNN）旗下CNNGO评选的"中国最不容错过的3个博物馆"，其致力于"营造并共享博物馆美学新生活"，将博物馆艺术设计展览与多元、开放的园区文化休闲项目融为一体，以独特的姿态引领公众体验、想象与创作，分享玻璃的无限可能，并致力于向公众呈现最鲜活的艺术与最精彩的生活。

玻璃折射带来的光影变幻，使上海玻璃博物馆的展品都蒙上了一层梦幻般的色彩。配合着精致前卫的展陈及空间设计，美轮美奂的玻璃展品引人入胜。从学院派玻璃艺术展览，到古代玻璃专题展览，再到将玻璃与当代艺术跨界共融的"退火"系列展览，玻璃艺术与设计跨越了时间和空间，以独特的姿态呈现在公众面前。艺术家们以玻璃为媒介，创造了简单材质的无限可能。

与很多艺术博物馆不一样，这里流光溢彩的玻璃展品并没有摆出高冷姿态，馆方设计了丰富有趣的互动项目，让它们既可以被远观，又可以被近玩，鼓励观众亲身参与，感受玻璃艺术与生活的碰撞。

DIY玻璃创意工坊为观众提供了丰富多彩的动手活动，他们以玻璃为原材料，当一天艺术家，享受创作的乐趣——通过玻璃彩绘，可用颜料绘制出属于自己的独特图案，给透明玻璃胚穿上炫彩的衣服；通过热熔，将不起眼的碎玻璃融化，并进行巧妙的图案设计和拼接，创作属于自己的挂件、佩饰或冰箱贴等小物件；通过马赛克工艺，体验古罗马人经典的艺术创作方法，发挥想象力，利用小小的玻璃粒装点生活中的小物件，让平凡的储蓄罐、冰箱贴和首饰盒焕发出新的生命力。此外，观众还能体验数千年前的灯工工艺。观众在专业人员的指导下，用喷灯融化玻璃来制作彩色的珠子和漂亮的首饰。一沙一世界，小小的琉璃珠在火焰的洗礼下，焠炼一份惊喜，成就一份匠心。

热玻璃工作坊也是最具吸引力的艺术体验项目之一（图2），在这里观众能近距离观看玻璃工艺品的吹制过程，感受玻璃技艺与火的华丽共舞，更可以预约亲自体验，在专业技术人员一对一的指导下，挑料、塑形，吹制出属于自己的玻璃艺术品，感受玻璃从高温至常温、液体至固体的巨大变化。

上海玻璃博物馆
走近生活的玻璃艺术

图2 热玻璃工作坊现场演示（作者拍摄）

2015年5月，上海玻璃博物馆从美国塔科马玻璃博物馆引进了"天才玻璃梦想家"项目。项目收到全国各地数百位小梦想家们送来的天才画作，每一幅都展现了孩子们不凡的想象力。以这些画作为蓝本，美国塔科马玻璃博物馆热玻璃工作团队将其打造成玻璃艺术品，让孩子们天马行空的想象跃然纸上，擦出了"玻璃遇上绘画"的神奇火花。

浓厚的艺术氛围，也让不少年轻人选择在这里举行自己的文艺范婚礼。这里的爱庐彩虹礼堂和璟庐水晶厅，以万花筒般的炫彩效果和由粗糙到摩登的时尚渐变风格，让新人们在这里完成对爱情、生命的个性化宣誓。这也是博物馆走近公众生活的一种新方式，将文化与时尚融合，践行对幸福的理解和初心。

"探索玻璃的无限可能"是上海玻璃博物馆的发展命题。在这里观众不仅可以跨越时空和藏品对话，感受古今中外艺术家的伟大创造力，还可以陶冶情操，在多元空间中与创意不期而遇。这里闪烁着艺术家的精巧构思，承载着上海玻璃工业发展的百年遗产，也借鉴了世界先锋城市文化与艺术再生的概念，

馆游天下
全球科技馆里那些事儿

致力于将设计、观光、亲子休闲融为一体，打造一座以共享体验为主旨的博物馆级美学生活园区。

（作者系中国科学技术馆展览教育中心讲师）

参观提示
该馆地址：中国上海市宝山区长江西路685号
该馆电话：0086-21-66181972
该馆网址：http://www.shmog.org/

科大讯飞（青岛）人工智能科技馆
AI 走入寻常百姓家

廖 红

科技创新、科学普及是实现创新发展的两翼。当前，以人工智能、大数据、区块链和生物科技等为代表的前沿科技应用蓬勃发展，深刻影响着人们的生产生活。随着技术进步与理念更新，我国科普工作已进入新的发展阶段，社会化科普工作大格局正在逐步形成。2021年5月，位于青岛的科大讯飞（青岛）人工智能科技馆正式开馆，这是科大讯飞公司科技创新资源向科学教育资源转化的新探索，是发展人工智能技术与促进科技普及融合的新尝试。

来到该馆门前，映入眼帘的是可爱的讯飞输入法吉祥物"小飞飞"（图1），它头顶竹蜻蜓飞行器，耳戴无线旋钮耳麦，再加上液晶显示器的面孔，这一闪烁着科技要素的可爱形

图1 科大讯飞（青岛）人工智能科技馆外观（作者拍摄）

馆游天下
全球科技馆里那些事儿

象一下子拉近了人与科技的距离。展厅入口处有一个泡泡树状的展品（图2），利用语音识别与语义分析技术，通过识别人的声音、理解词汇所包含的意思，控制泡泡树呈现不同色彩，让观众初步认识人工智能。例如，观众说出"大海"一词，泡泡树变成蓝色；说出"中国"则变成红色；说出"彩虹"便呈现7种颜色，很是吸引人。

通过这两件展品可以看出，人工智能科技馆以启发公众对人工智能的兴趣

图2 泡泡树状的展品（作者拍摄）

科大讯飞（青岛）人工智能科技馆
AI 走入寻常百姓家

为目标，但不深入普及人工智能算法与底层技术，重点是基本原理与应用场景。该馆面积约 3200 平方米，按照"人类与智能·生活与社会"的展示主线布局人工智能技术原理及具体应用，人工智能科技馆由探索厅、创新厅、科普剧场、科学教室、报告厅、室外科普广场等组成。展厅按照"遇见 AI 新伙伴，成为 AI 新人类"的故事线索，设置"创想空间""讯飞视界""智汇生活""智引未来"4 个展区，逐步展开对人工智能基础知识、感知智能与认知智能原理、人工智能核心技术、产业化应用及未来前景的介绍；展品设计注重科普的功能性、科技的前沿性、科大讯飞的专属性，力图展现科技馆体验特色与教育功能，是一座专题性科普场馆。

该馆展品的一大特色是充分利用机器视觉、语音识别与合成技术实现交互性。展品"猜猜我是谁"是典型的机器视觉应用（图 3），观众站在摄像头前，通过拍照形成图像，由计算机算法对图像中观众的人脸特征进行提取和分析，再对照数据库中的大量名人面部特征，匹配一位与观众面部相似度较高的名人，并呈现观众的性别、年龄、心情等判断，具有较强的趣味性。展品"我的另一种声音"展现了语音识别与语音合成技术等，观众对着话筒说一段话，展品识别并形成文字，观众还可选择不同人声（老人、小孩、男女）、不同语言和方言，随后展品以转换后的声音重复这段话，以此让观众体会多个技术的综合

图 3　展品"猜猜我是谁"（作者拍摄）

馆游天下
全球科技馆里那些事儿

应用,理解机器学习的原理。场馆中 90 余件展品搭建了体验人工智能应用的场景,如机器作诗、海底探险、眼动打靶、人脸识别、未来智慧城等,具有一定科技感、趣味性与实用性。

该馆非常重视教育功能的体现,计划构建包含科普教材、装置装备、科普平台、实验实训、师资培训和素质评价的人工智能教育体系,通过校园科普活动、场馆培训、科学夏令营、编程竞赛等一系列科普活动,着力培养青少年对人工智能的鉴赏力、理解力和应用能力、创新能力,与学校教师共同探索人工智能创新教育模式。同时,该馆还依托企业在人工智能领域的研发和技术优势,致力于开发人工智能科普产品,赋能科普产业发展。

(作者系中国科学技术协会科学技术普及部副部长,研究员级高级工程师)

该馆地址:山东省青岛市黄岛区江山南路 480 号青岛研创中心 5 号楼 101 室

苏州御窑金砖博物馆
金砖烧制始黄泥

苏 青

"小桥流水映花径,灵秀苏州数园林。低调御窑藏陆墓,密实方砖赛黄金。"苏州园林甲天下,但苏州的御窑及其烧制的金砖却鲜为人知。

2021年7月9日,借应邀出席在苏州市相城区举行的首届"赛先生"科学与医学公共传播奖颁奖典礼之际,笔者特意参观了苏州御窑金砖博物馆,试图一窥珍稀金砖的真容,探求御用金砖的神秘。

苏州御窑金砖博物馆位于相城区阳澄湖西路95号,这里原属江苏吴县陆墓镇,相传陆墓镇因唐朝宰相陆贽葬于此地而得名,后人因觉不吉利便更名为陆慕镇。明成祖朱棣迁都北京后,开始大兴土木建造紫禁城。在选择地面用砖时,明代著名建筑匠师、工部掌管紫禁城工程的蒯祥出生于吴县鱼帆村,看中了陆墓镇砖窑烧制出的方砖。陆墓窑砖质地细腻、断之无孔,敲声若金、铿锵有力,成祖朱棣查验后大喜,遂赐名陆墓窑为御窑。

苏州御窑金砖博物馆建造在当年御窑的遗址上,占地面积近4万平方米,建筑面积1.5万多平方米,是中国首个以展示御窑金砖为主题的博物馆(图1)。该博物馆包括主展馆、御窑遗址、残窑遗址群、当代艺术交流中心、游客中心、配套服务区等设施,其中主展馆为该博物馆核心建筑,按"开物——一块砖的修炼""成器——一块砖的旅程""致用——一块砖的时代"3个展览单元依次展开,通过文物陈列、场景复原、科技模拟、互动游戏等手段,详细呈现了金砖从生产成型、运输至京,到铺设使用的全过程,并揭示了其中所蕴含的深厚历史文化内涵。

馆游天下
全球科技馆里那些事儿

图1 苏州御窑金砖博物馆外景（作者拍摄）

所谓"金砖"，实际上是边长分别为二尺二、二尺、一尺七3种规格大方砖的雅称，它是明清时期皇家宫殿建筑专门使用的一种高质量铺地方砖。之所以被称为"金砖"，一是因为其质细而硬实，敲之有金石之声；二是因为制造工艺繁复，造价昂贵如金；三是因为当年只供京城皇宫专用而名"京砖"，因"京""金"谐音，后演变成"金砖"；四是"金"在阴阳五行学说中表示坚固、凝固之意，将皇宫宝殿地面铺设用材命名为"金砖"，昭示皇家基业安稳、江山永固。

制作金砖的原料取自阳澄湖畔特有的黄泥黏土，金砖生产过程分为打探洞、取土、选泥、练泥、制坯、阴干、装窑、点火、烧窑、熄火、窨水、出窑、磨光、泡油、检验等10多个步骤；每个步骤又有多道工序，如取土就分掘、运、晒、椎、舂、磨、筛等7道工序，炼泥也有澄、滤、晾、晞、勒、踏等6道工序，制坯要经过揉、托、装、碾、刮、捶、翻、筑、遮、晾等10道工序。整个工艺流程和操作方法十分完整、规范、严格,且全部为手工,每道工序环环相扣,并与二十四节气的气候变化高度契合,一工不达,则前功尽弃,一序滞后,则前事俱废。因此,金砖既是泥土经自然与时光融合、汇聚的精华,又是工匠呕心沥血与技艺打磨、呵护的结晶。

每座御窑一次生产的金砖通常不超过7000块,生产周期却长达两年。金砖的成品"或三五而选一,或数十而选一,必面背四旁,色尽纯白,无燥纹,无坠角,叩之声震而清者,乃为入格"。入格的金砖呈青灰色,颜似墨玉,光润耐磨,每块砖上均刻有烧制年号、窑场名号,以及制砖人、监造者的姓名,以便出现质量问题时可以溯源、问责。成品率如此之低,质量如此之好,金砖自然珍稀、贵重、高端,因而只有威权至高无上的皇宫才配使用,只有集天下财富于一身的皇帝才用得起。但是,即使如此,整个紫禁城使用的金砖也十分有限,只有东、中、西三条主道,以及皇帝经常光顾的太和殿、中和殿、保和殿才用金砖铺设。

2017年10月30日,"御窑"窑火重新被点燃,曾经已失传的金砖制作技艺获得新生,苏州金砖开始批量生产并被广泛运用(图2)。在游客中心,笔者看到摆放着各种规格的金砖明码标价出售,但价格惊人,非寻常百姓能够享用。实际上,自清朝覆亡后,金砖已不仅仅作为铺地材料使用,文人雅士将收

图2 苏州御窑金砖博物馆展出的金砖样品(作者拍摄)

馆游天下
全球科技馆里那些事儿

集到的金砖视为一种典雅的文化陈设，赋予了它新的生命。如今，苏州御窑金砖博物馆开发的金砖文创产品可用来练习书法，也能当作棋盘下棋，经过雕琢后还可成为精美的砖雕工艺品。在京城，每天参观故宫的游客尽可踏着悠闲的步伐，行走在铺设金砖的干道和三大殿的地面上。

参观苏州御窑金砖博物馆，感慨于古代工匠的聪慧才艺、历代百姓的辛劳苦楚、封建王朝的盛衰更替、人世风景的繁华变迁，特填《风入松》词一首，以表情怀："金砖烧制始黄泥。工序繁奇。精筛细碾经风雨，揉练熟，模入成坯。窑内高温烘烤，全凭掌控精宜。千里呈献悦皇仪。御料珍稀。万千巧匠辛劳付，谁知晓，血汗抛滴。宝殿金銮踏物，如今匹庶行嬉。"

（作者系时任中国科学技术馆党委书记、副馆长）

参观提示

该馆地址：中国江苏省苏州市相城区阳澄湖西路95号
该馆电话：0086-512-66182178
该馆网址：http://www.szyyjzbwg.com/

欧 洲

芬兰科学中心
脑洞大开 创意无限

蔡文东

很多人都熟悉这么一个故事，2000多年前，古希腊学者阿基米德在洗澡时发现了浮力原理，脱口喊出"HEUREKA（我发现了）！"这个词在科学史上意义重大，于是芬兰科学中心（HEUREKA）就以它为爱称，希望观众也能在这里体验科学发现的乐趣。

芬兰科学中心（图1）位于距首都赫尔辛基约20千米的万塔市市中心，毗邻凯拉瓦河和全国最繁忙的通勤铁路——新铁路环线。一座圆拱桥和一座拉

图1 芬兰科学中心外观（张瑶拍摄）

索桥横跨凯拉瓦河，把观众送到芬兰科学中心的同时也让他们还没进门就感受到了科技的趣味。

该中心于1989年起向公众开放，其主体建筑的面积仅为8200平方米，所有员工和志愿者加起来也只有146人，如今却已发展为芬兰最受欢迎的科学中心之一，每年服务约30万观众。

它的常设展览包括200多件展品，有多个主题展区。在经典展区，观众可以体验到锥体上滚、声聚焦、双曲线槽等备受世界人民欢迎、经久不衰的展品。在"地球上的科学""关于硬币的一切""肠道里的风""智慧城市"等主题展区，则可学习到关于地球上的自然现象、硬币制造、肠道结构和城市智能技术等领域的知识。除了常设展览，中心还不定期推出临时展览，更好地满足观众参观需求。

无论是常设展览，还是临时展览，笔者认为芬兰科学中心展览最突出的特点是创意。那些脑洞大开的构思与设计，常常让人惊叹不已。

例如，2012年2月18日至2013年2月3日，芬兰科学中心向公众开放了一个名为"KLIMA X"的展览，深受好评。该展览聚焦气候变化主题，以沉浸式、情感式体验让观众对其留下深刻印象。在该展览中，观众的参观之旅从换鞋开始。在正式进入展区前，每一位观众都会根据标识的指示进入一个通道，并在通道前，按要求换上橡胶雨靴。这一要求激发了观众强烈的好奇心，让他们带着疑问进入展区。

在穿过通道后，观众就能找到问题的答案——"KLIMA X"展览，近400平方米的展区地板都被"浸泡"在25厘米深的水中（图2），他们必须在水中行走才能完成参观。展区中央放着一块巨大的冰块（图3），正在室温中慢慢融化，配以沉闷的雷声和人造雨滴，使进入展区的人们仿佛置身于全球变暖后海平面上升的灾变中，并带来了强烈的感官冲击，其沉浸感甚至超过了目前火爆的虚拟现实技术。

馆游天下
全球科技馆里那些事儿

图2 "KLIMA X"展览环境,图中那条醒目的红色曲线代表着全球不断升高的气温(韩永志拍摄)

图3 "KLIMA X"展览中正在慢慢融化的巨大冰块(韩永志拍摄)

芬兰科学中心
脑洞大开　创意无限

除了这种沉浸式剧场的设计，芬兰科学中心还在展览中引入了一支深受小朋友喜爱的动物明星表演团队——10只投篮鼠。这些老鼠经过训练后可以拿着特制的小球投向小篮筐，它们的投篮表演是该中心最吸睛之处，每年能吸引超过54 000名观众观看。当老鼠投篮时，一位辅导员会向观众解释它们的受训及生活情况，并在其中穿插动物学相关知识。

在芬兰这个重视动物权利的国家，为了让观众可以放心地欣赏表演，芬兰科学中心还特意在官方网站上温馨提示，所有老鼠的训练都是在动物培训师的指导下完成的，并且整个受训过程中不会采用强迫或惩罚的方式进行，而是通过食物奖励和声音信号来强化训练成果。老鼠们也是自愿表演，它们在演示过程中可以随时停下或离开，而每完成一次投篮，就可以获得一块儿可口的食物奖励。

不表演时，老鼠们就住在专门为它们设计的有窗房间中，观众可通过房间玻璃观察它们的日常起居。晚上老鼠会在大笼子里过夜，每天还有工作人员专门为它们打扫卫生。

可以说，投篮鼠们在这里生活得相当滋润了。为了延续观众体验，辅导员还在网上开通了博客，为大家讲述老鼠们的"八卦"日常，如怎么训练老鼠得分、谁是馆内最耀眼的篮球明星、比赛后它们的房间里发生了什么等有趣的故事，这将很多观众，尤其是小朋友们发展成了投篮鼠的粉丝，加深了他们和芬兰科学中心的联系。

所以在芬兰科学中心参观，完全不用担心会觉得无聊，它用一个个令人意想不到的创意，让观众在不经意间收获一个又一个惊喜。

（作者系中国科学技术馆科研管理部副主任）

参观提示

该馆地址：Tiedepuisto 1,（P.O. Box 166），01300 Vantaa, Tikkurila
该馆电话：00358-9-8579288
该馆网址：https://www.heureka.fi/

荷兰人体博物馆
世界第一个"人体"主题博物馆

李大光

位于荷兰阿姆斯特丹的人体博物馆（Corpus Museum），是世界上第一个，也是唯一的"人体"主题博物馆，它将视觉效果、电子互动和亲身体验结合，让观众在轻松的氛围中了解人体的生命结构和神经系统。该馆于2008年3月15日起面向公众开放，并由荷兰女王贝娅特丽克丝亲自揭幕。

观众对荷兰人体博物馆的参观，实际上在馆外就开始了。当他们开车驶过该馆门前的A44高速公路时，就会被一个橙色的巨人所吸引。巨人端坐于博物馆11层玻璃建筑旁边，巨大的橙色身体被建筑的玻璃墙从中间切开，看起来像是一个剪影，事实上却是一个完整的身体，一半在博物馆内，一半在博物馆外。

走进这个高达35米的巨人身体，观众就可以看到完整的人体解剖结构。他们可以坐自动扶梯从巨人的腿部上升到膝盖，然后正式开始参观之旅。首先进入的是生殖区域，戴上3D眼镜，观众就可见证精子与卵子结合的神奇过程；然后上升到肠道，在那里可以目睹奶酪三明治的消化过程；经过心脏的心室后，最后到达头部。在这里，成年人可以观察到大脑中搏动的神经元，当扬声器系统中发出打嗝声时，孩子们可以跳到巨大的舌头上，在打嗝声的陪伴下蹦蹦跳跳，还能闻到大鼻子里飘出的各种设计好的气味。在这个模拟的人体内，观众能通过视觉、听觉、味觉感知它是如何工作的，以及什么是健康食品和健康生活。

此外，观众还会看到发生于人体的所有奇迹，遇到各种奇怪的问题，如"你为什么要睡觉""当你打喷嚏时会发生什么？""我的头发是怎么长出来的？""牙

荷兰人体博物馆
世界第一个"人体"主题博物馆

齿的结构是什么样的?""精子是如何与卵子结合的?""当我们饿了看到快餐时,为何会唾液不断?""血管里的血液是如何流动的?"等。

荷兰人体博物馆采用了最新的展览技术,包括音响和3D视觉展示,其所有展品都由颜色更真实的玻璃钢制成。观众在参观过程中会穿过8个展厅,全程约55分钟。荷兰人体博物馆共提供8种国际语言的语音讲解:荷兰语、英语、德语、法语、意大利语、西班牙语、汉语和俄语。与其他馆一样,该馆还会提供阅读资料,让观众更加详细地了解人体的内部功能。该馆的创始人希望公众通过参观体验,认识到自己错误的生活习惯,从而采取更健康的生活方式。

荷兰人体博物馆开馆至今已10余年,参观人数不断增加,好评如潮,也为荷兰旅游业的发展做出不小贡献。同时,也引起了博物馆业内和科学传播界的注意,激发了大家对一些根本性问题的思考与讨论。例如,在财富不断增加的时候,人类最应该关注的是什么?在衣食住行都已解决时,人类对健康的理解会发生什么变化?从这个角度讲,荷兰人体博物馆的经验值得我们借鉴。

(作者系中国科学院大学人文学院教授、国际科学素养促进中心研究员)

参观提示

该馆地址:Willem Einthovenstraat 1,2342 BH Oegstgeest
该馆电话:0031-71-7510200
该馆网址:https://corpusexperience.nl/

意大利伽利略博物馆
探寻实验科学的起源

孙莹莹

图1 伽利略博物馆建筑外观（作者拍摄）

每年11月晴朗阳光倾洒在佛罗伦萨古老的街道上，这里具有地中海典型的天气特点，冬季温暖而舒适。游客们沿阿诺河一路向西，沿路欣赏波光粼粼掩映下的老城美景，而矗立在河畔上的一座低调建筑，则能让他们深切感受到文艺复兴时期意大利的科学内涵，这就是伽利略博物馆（图1）。

该馆原名佛罗伦萨科学史研究所暨博物馆，1930年由佛罗伦萨大学创办，收藏了文艺复兴时期至20世纪各种类型的实验科学仪器，2010年6月全面翻新后以伽利略博物馆之名重新开放。馆内主要收藏和展示了美第奇及洛林家族的私人收藏品，包括光学、数学、电磁学、天文学、航海学等方面的观测和实验仪器等。

透过这些藏品，观众可以探寻伽利略实验科学的思想起源和发展过程。爱因斯坦曾评价他说："伽利略的发现，以及他所应用的科学推理方法，是人类思想史上最伟大的成就之一，标志着物理学的真正开端。"

在该馆一层的"伽利略的新世界"展厅（图2），观众可以看到伽利略发明和制作的望远镜。1609年夏天开始，他先后用望远镜发现了月球表面存在像地球表面一样的山地和山谷，以及大量隐形的星星；发现了木星的第4颗卫星并将其命名为美第奇星；发现了金星呈现出跟月亮一样的运动周期；还发现了太阳表面的黑子和土星两边奇怪的突起。这些天文发现预示着一场革命，打破了人类持续了两千年的宇宙认知，进一步佐证了"日心说"。

这里还展示了他于1610年出版的《星际使者》和1632年出版的《关于托勒密和哥白尼两大世界体系的对话》（图3）。在《星际使者》中，他记录了望远镜的发现历程，以及手绘的月球表面图，而在《关于托勒密和哥白尼两大世界体系的对话》中则描绘了3人在4天中的对话，以这种交流方式推广了哥白尼的"日心说"。

该展厅还展示了伽利略著名的斜面实验装置，它顶部摆的等时性与小球撞击铃的时间是吻合的，解释了摆的等时性规律。这也是他设计斜面实验的主要动机。小球沿斜面滚落的速度并非是亚里士多德所预言的均匀不变，而是均匀变化的。现在全球科学中心常见的展示斜面运动的展品就是根据此实验装置演变而来。

在伽利略之后，实验科学受到了更广泛的推崇和重视。1657年由费迪南多二世和美第奇家族共同创办的西曼托学院就是一个专门致力于广泛科学研究和实验的组织。学者进行了很多实验，以验证自然哲学领域普遍接受的亚里士多德权威思想的准确性。该学院在1667年发表了一些有关自然实验的论文并对伽利略的工作做出了推论，论文中有关于运动的描述；在温度、压力测量，土星观测等方面取得了显著的成果。西曼托学院在对传统观念的批判和伽利略实验科学的发展方面起到了重要的作用。

馆游天下
全球科技馆里那些事儿

图2 "伽利略的新世界"展厅（作者拍摄）

图3 上方为伽利略发明和制作的望远镜；中间为伽利略于1610年出版的《星际使者》；右下为伽利略于1632年出版的著作《关于托勒密和哥白尼两大世界体系的对话》（作者拍摄）

意大利伽利略博物馆
探寻实验科学的起源

2012年该馆开放的互动展区"伽利略与时间测量"将伽利略的重要贡献通过科学中心的互动模式进一步呈现，提升了观众参与度。在"物体的运动""时间与空间""古老的机械钟"3个主题展室，观众可亲自操作经典的斜面实验装置，获得直接经验；可跟随伽利略的步伐，利用望远镜验证哥白尼的宇宙体系，用严谨的数学方法总结运动现象；可驱动传动机构让机械摆钟运转，进而发现摆钟的等时性规律。伽利略的伟大发现启发更多的人创造出了精妙的时钟、航海钟等计时设备，开创了精密计时的新纪元，推动了航海业的发展。伽利略创造并践行了实验科学的传统，以及将实验与数学相结合的科学方法，其思想也深刻影响了后来的科学家，成为科学研究的基本方式。

在科学类博物馆中，科学方法和科学精神是较难体现和表达的，伽利略博物馆给了我们很好的借鉴和启迪。在伽利略博物馆探寻实验科学的起源，能深刻领会到这些科学仪器正是科学家通过科学方法得出结论的见证；而科学精神蕴含在科学实验的过程中，凝聚了科学家的汗水和百折不挠的毅力。这里的展示对于认识和理解科学的内涵起到了重要的帮助作用。

（作者系北京众邦展览有限公司策划部主任）

参观提示

该馆地址：Piazza dei Giudici 1-50122 Florence，ITALY
该馆电话：0039-55-265311
该馆网址：http://www.museogalileo.it/

英国伦敦科学博物馆
科学教师的培训重地

常 娟

科学教师的发展一直是英国努力的重点。在21世纪初期，英国科学教师被认为从事着关系国家存亡的事业，因而其专业发展受到了英国政府的优先关注。2003年，英国斥资5100万英镑创立了10个科学学习中心（Science Learning Center，SLC）以促进全国科学教师的专业发展。伦敦科学博物馆作为地方科学学习中心的协作单位，成为科学教师培训的一个重要基地。这里充分体现了"科学至关重要"的学习氛围，科学教师们可以在此充分感受着科学的魅力。

伦敦科学博物馆是世界上历史最悠久的一座科技博物馆（图1）。这里汇集着众多科技发展史上具有重大意义的实物，通过陈列与展示，博物馆实现了对社会公众的教育功能。不过作为一座科普场馆，它的魅力不止于此。伦敦科学博物馆充分利用自身优势，设立科学学习中心，其目的就是通过制定科学教师发展方案，规划专业成长课程，并通过各项研修和培训项目，为科学教师打造一个非正规教育下的专业成长平台。

伦敦科学博物馆科学学习中心项目培训方案的设计过程非常严谨。该馆教育专家除利用自身资源外，还会与一流科研机构合作，调研、学习最新科研成果。在开课前，该馆工作人员都要调查询问来自各个学校的教师参加培训的实际需求，征求当地教育局及教育与技能部官员的意见，最后确定开设的培训内容。课程教案内容涵盖各个科技领域的最新研究动态、工业发展情况、教育理

英国伦敦科学博物馆
科学教师的培训重地

图1 伦敦科学博物馆外观（岳丽媛拍摄）

论变革，深入讨论科学的社会意义和伦理意义，同时还会反映出对当前社会热点话题的关注。

有这样一些课程：如"促进科学教学的好内容——宇宙和太空""培养科学家""科学日、科技博览会和活动日——我将做什么？""对科学与环境的思考""使用新闻：在中学科学课上使用报纸""科学课的情感素养：提高和转变男生和女生对科学的情感态度"等，这些内容既注重多元化的教学方法，又强调思维能力、创新能力和情感态度的培养，多样化的学习机会使得教师们的参与热情高涨。为了便于教师们深入学习，该馆还将很多直接使用的科学实验资源包或操作手册上传至官网供大家免费下载。

参与培训的教师评价，该馆科学学习中心项目可以帮助他们紧跟科学前沿的最新发展，构建教师与学科内容之间的紧密联系，让其及时获得教学的新技巧、新理念，使他们能在参与研习后，应用所学于课堂之中，以提升学生的科学素养和对科学的兴趣。

伦敦科学博物馆科学学习中心所开展的科学活动，在帮助众多科学教师拓展视野、吸收理念、产生灵感、增强能力的过程中，让他们成为科学的火种，在科学园地绽放出美丽的火花。它与全国其他9个科学学习中心有效合作、经

验共享，在相互竞争中，发展出自身的特色，共同为英国广大科学教师提供了一个学习的新窗口和新途径，在促进教师们改进科学教学、提高科学教育质量中发挥着重要作用。

（作者系中国科学技术馆发展基金会办公室副主任）

参观提示

该馆地址：Exhibition Road, South Kensington, London, SW7 2DD

该馆电话：0044-33-00580058.

该馆网址：https://www.sciencemuseum.org.uk/

北美洲

NORTH AMERICA

加拿大国家美术馆
"人类纪"的 AR 穿越之旅

郝倩倩

漫步在渥太华市中心，一眼就能看到加拿大国家美术馆，因为它实在是太醒目了，3 层楼高的整体建筑呈 L 形布局，主楼是由大量钢梁和玻璃搭建出的极富美感的透明水晶体构造，且从不同角度看会呈现出不同的几何图形，因此不提它的馆藏，光是这座建筑本身就堪称一件精妙的艺术品（图 1）。该美术馆外还立有一只由著名艺术家路易斯·布尔乔亚设计制作的青铜大蜘蛛，其腹部的网篮里放有 20 个白色大理石蛋，而它警觉的防卫姿势则向观众传达了母

图 1 加拿大国家美术馆外观（作者拍摄）

加拿大国家美术馆
"人类纪"的 AR 穿越之旅

亲的天性——为了保护孩子，母亲都会变得坚韧又强悍。这座向母亲致敬的巨型雕塑也已然成为加拿大国家美术馆的地标。

观众还未进门就被这浓郁的艺术气息包围，进入场馆后更会发现这座美术馆绝非浪得虚名，其藏品和展览样样精彩，并且对各个流派和不同创作手法都秉持开放态度，不同观众在这里都能找到最能引起自己共鸣的那一款。而最打动笔者的就是这个于 2018 年 10 月 19 日至 2019 年 2 月 18 日开放的临时展览——"人类纪"（图 2）。该展览由加拿大国家美术馆下设的加拿大摄影研究所和安大略省美术馆联合举办，是一个综合运用视频、摄影和新科技探索人类对地球影响的现代艺术展览。

作为一个当代艺术展，"人类纪"通过展示著名摄影师爱德华·伯汀斯基、詹妮弗·贝希瓦尔和尼古拉斯·德·本希尔的新作品，向观众呈现了人类活动对地球的永久影响。该项目通过摄影测量法与容积捕获技术拍摄真实比例 3D 物体与场景图像，再借助于增强现实（AR）技术，给观者带来了身临其境般的动态现场体验，探索人类活动对地球的影响。这些先进技术的运用使 3 位加拿大艺术家为观众创造出令人震撼的视觉体验，引导公众在参观过程中反思地

图 2 "人类纪"展览展厅（作者拍摄）

馆游天下
全球科技馆里那些事儿

球资源的过度开发与环境伦理问题。

这么好的展览如何体验呢？别急，策展团队为它定制开发出一款名为AVARA的手机应用。观众可以在自己手机的APP商店下载该应用的安卓或苹果版本。下载后，打开AVARA，通过摄像头扫描展览照片，观众就能够看到这些展品中的AR场景了（图3）。

通过创新的AR体验，观众可以在瞬间被"运送"到非洲肯尼亚，体验2016年4月发生的历史性的总统焚烧象牙堆事件；可以站在加拿大第二大道格拉斯冷杉脚下，这棵高约69米、有近1000年树龄的冷杉，因为好心的伐木工人所写的"锯下留树"标牌才得以幸存；可以看到2018年3月19日，地球上最后一只雄性北方白犀牛的死亡，标志着这一亚种的功能性灭绝。每一次AR体验都让观众尽可能近距离地体验人类活动所带来的地球环境危机，使他们能够"见证"这些真正非凡的地方和时刻，对比单纯的图片展览，这种体验式叙述方式能够更多、更强地唤起观众情感反应。

更为贴心的是，为了方便老年人和无法顺畅使用手机下载的人，加拿大国家美术馆特意在公共区域配备了已经预装了AVARA应用的平板电脑，观众可

图3 "人类纪"展览工作人员正在讲解如何使用AVARA（作者拍摄）

加拿大国家美术馆
"人类纪"的 AR 穿越之旅

以免费随意取用。这种人性化服务，无疑为观众带来了更舒适的参观体验。

"人类纪"展览创新了艺术品展陈和互动方式，使用 AR 技术将静态实物和动态视频有机结合，这不光是艺术展馆策展新思路，也为科普场馆静态科技文物展陈提供了借鉴。

（作者系中国科学技术馆科普影视中心副主任）

参观提示

该馆地址：380 Sussex Drive, Ottawa, ON, Canada, K1N 9N4
该馆电话：001-613-9901985
该馆网址：https://www.gallery.ca/

美国新泽西自由科学中心
触摸生活中的科学

赵 铮

1993年成立的自由科学中心坐落于美国新泽西州泽西市的自由州立公园中,是该州的第一个大型州立科学博物馆。2007年7月完成扩建后,其面积达到2.8万平方米。自由科学中心既是面向公众开放的互动式科学馆,也是为教师和学生打造的学习中心,每年参观人数超过75万人次,场外、网络活动的参与者则多达数万人次。

该中心设有展厅12个,用以展示形式多样、内容丰富的各类展览。除常设展览外,该中心还会根据不同主题,持续举办各类精心策划的短期展览,如星际迷航特展、夏洛克·福尔摩斯国际专题展等,而最令笔者连连叫绝的当属2018年6月30日—9月23日开放的"恶心的科学"主题展览。该展览基于同名畅销书《恶心的科学》而设计,将打嗝、放屁、流鼻涕这些日常生活中司空见惯却难登大雅之堂的现象摆在人们面前,当作"正经"的科学来研究。那些一直想探索这些现象的奥秘但又羞于提问的观众,可以借助于展览"恶心"但有趣的展示方式来了解人体是如何工作的。

在展览中,参观者可以爬上有疣、头发和伤口的"人体皮肤";也可以变身为一个尘埃粒子,穿过一个"巨大的鼻子"来了解黏液产生和空气过滤等过程;还可以深入"呕吐源头",了解人类呕吐的原因;滑过或爬过9米多的消化系统(3D模型),近距离感受消化系统是如何工作的……当人们沉浸在展览中时,生活中许多难以启齿的事物都开启了科学的大门,虽然在参观过程中可能会忍不住感叹:啊,好恶心!但也会发现,原来科学就在身边。才得以

美国新泽西自由科学中心
触摸生活中的科学

把端庄留在家里，毫无顾忌地去探索和享受这个展览。

"恶心的科学"为收费展览：12岁以上观众6美元/人，2～12岁儿童5美元/人，并需持有入馆门票。此外，同时期的"天黑之后"主题活动也与该展览相呼应，活动主题为"酒鬼和鼻屎"，一看便知这也是一个关于"恶心的科学"的聚会，那些关于呕吐、鼻涕、细菌、臭味、粪便等不那么优雅的事情都可以在这里寻找答案。在这令人"恶心"的聚会中，参与者可以在场馆的露台品尝美味的鸡尾酒和当地的零食（每个餐位5美元），欣赏纽约美丽的天际线。该活动时间为每月第3个周四的18—22点，参与者年龄须在21岁以上，线上购票20美元/人，线下购票25美元/人；再额外支付6美元，即可同时参观"恶心的科学"展览。

自由科学中心以"鼓舞下一代科学家和工程师，激发各年龄段的学习者认识到科技的力量、希望与纯粹的乐趣"为宗旨，在关注正规教育所强调的基础学科之外，挖掘身边的科学，以小见大，策划设计优质科普展览与活动，以此吸引更多的人关注科学、热爱科学。关于如何将科学变得有趣、有料、有内涵，"恶心的科学"展览及相关主题活动提供了一个全新而独特的体验，打开了另一扇窗。

（作者系中国科学技术馆网络科普部工程师）

参观提示

该馆地址：Liberty State Park，222 Jersey City Boulevard，Jersey City，NJ 07305
该馆电话：001-201-2001000
该馆网址：https://lsc.org/

美国纽约科学馆
互联世界　系统思维

金小波

纽约科学馆坐落于美国纽约市皇后区的法拉盛草原可乐娜公园内，是纽约市内唯一的科技中心，拥有超过400件关于化学、物理学和生物学等学科领域的展品。这里也是当地STEM教育的先锋队，它以"设计—制作—游戏"为原则，通过提供开放式、参与式、创造性的学习方式，鼓励人们探索未知，并培养他们的好奇心、创造力，使学习和参与变成一种乐趣。

纽约科学馆近年来设计开发的展览也都深度贯彻了这一原则，在它设计的多个大型主题展览中，使用了先进的电脑技术，打造出多媒体沉浸式互动体验空间，并注重科学与艺术的融合，为观众的学习过程带来审美体验，如现在已对外开放的"互联世界"展览便深受公众欢迎。

"互联世界"展览位于纽约科学馆大厅最醒目的位置，它是该馆与Design I/O工作室合作开发的大型沉浸式展览，观众在参观过程中会被带入一个充满幻想的奇妙世界中。Design I/O工作室为该展览配备了精兵强将，包括获过多项业内大奖的创意总监艾米丽·戈贝尔和西奥·沃特森，互动艺术部主任尼古拉斯·哈德曼、设计师乔希·古德里奇，而本次展览的设计顾问是尤其擅长表现"系统"主题的著名概念艺术家扎克·盖奇。盖奇的专长刚好与"互联世界"展览的生态系统主题完美契合，如此团队配置，也正是该展览获得2016年杰克逊·霍尔科学媒体奖和2017年美国博物馆联盟缪斯金奖的重要保证。

"互联世界"展览设置了6种相互作用的生态系统：丛林、沙漠、湿地、山谷、平原和水库。每种环境都有自己的植物和动物，但它们共享一个由中央

美国纽约科学馆　互联世界　系统思维

瀑布供给的水源。该瀑布在展览中高38英尺，可流过面积达2300平方英尺的展厅，水还能通过蒸发、成云、下雨完成其在系统内的循环。6种生态系统的健康发展，有赖于观众的参与及帮助。摄像头及传感器的应用使观众可以通过手势来引导水流方向、修筑小水坝、疏浚河道，从而达到分配各系统用水量的目的；还能用手势播种、砍伐植物，以此来控制各栖息地植物的种类与数量。对每一个系统而言，只有用水量、动植物种类及数量保持平衡才能维持其健康状态，也只有这样才能让6种生态系统都实现可持续发展。

例如，观众为山谷分配了充沛的水量，则可先播种草本植物，在其迅速生长后就能种植需水量更大的树木，于是在山谷的动物会生活得很舒适，繁衍更多后代，而其他栖息地的动物也会被吸引过来觅食、繁衍。这种情况如果不加以控制，观众就会发现要养活的生物会越来越多，山谷的用水量就会越来越大，继而挤占了其他栖息地，如湿地、平原的用水份额，破坏了它们的生态平衡。所以必须用整体、综合的眼光看待这6种生态系统，而且在体验这个展览时，控制不同生态系统的观众最好能互相配合，这样才能维持整个体系的动态平衡。

观众一个小小的决定、一个轻微的手势，可能就会给整个系统带来重大的影响。因此，这个展览也考验了他们的战略思维，如何调和个人与集体、短暂与长远利益的矛盾，共有多少种路径可以实现同一个目标，它们之间又孰优孰劣？是否能实现所有参与者的共赢？它对思维的训练也让很多老师将其视为课外教育的课堂，学生们可根据纽约科学馆提供的脚本，以角色分配、分组讨论、策略分享等形式进行学习。整个过程是开放式的，脚本上的问题没有唯一答案，老师会鼓励学生们尽可能多地给出解决方案，表达自己的想法。

这种巧妙的学习场景设计，离不开"互联世界"展览顾问委员会的支持——由美国马里兰大学计算机科学教授本·施奈德曼博士，麻省理工学院媒体实验室学习研究教授、终身幼儿园研究小组组长米切尔·雷斯尼克博士，哥伦比亚大学心理学和教育学教授芭芭拉·特沃斯基博士等组成的顾问委员会，从学术性、科学性、可行性等顶层设计角度确保了该展览的学习效果。

纽约科学馆"互联世界"展览通过高科技手段，从听觉、视觉、触觉等方

面精心营造了沉浸式学习场景,能带动观众深入思考,确实为科普场馆提供了新的策展思路。

(作者系中国科学技术馆展览设计中心工程师)

参观提示
该馆地址:47-01 111th St.,Corona,NY,11368
该馆电话:001-718-6990005
该馆网址:https://nysci.org/

美国芝加哥科学与工业博物馆
展现真实情境

辛尤隆

建于1933年的芝加哥科学与工业博物馆坐落在美丽的密歇根湖畔，外观为古希腊式建筑（图1），占地0.14平方千米，其所展示和收藏的展品展项超过3.5万件，汇集了物理、化学、地球、医学、冶金、农业、交通和工程等领域，共22个展区。2015年春天笔者参观了此馆，为其丰富的馆藏所折服，更惊叹

图1 芝加哥科学与工业博物馆建筑外景（作者拍摄）

于它营造真实情境进行科学教育的理念。

众多教育理论已经证实,真实情景中的科学教育可以为深度学习提供助力,而这正是该馆教育的强项。芝加哥科学与工业博物馆也正是此理论的践行者。

例如,为了让观众了解真实的潜水艇构造,该馆设计了"登艇之旅",即在一层大厅中放置了一艘美军于第二次世界大战期间捕获的德国U505潜艇,并开发了配套的教育活动。

这艘潜艇长约77米,重750吨(和3个自由女神像一样重)。它的精密程度比想象的高很多,观众进入内部就可以看到这些精密仪器,如德文仪表盘、柴油机、鱼雷等(图2)。同时还通过特殊的灯光和声音效果,让观众沉浸在巨大的震撼中。该馆针对潜艇开发的登艇教育活动对所有公众开放,还制作了适合学校老师、学生使用的《馆校活动指导手册》。馆校活动指导手册分为3个部分,分别是导航篇、探究篇、讨论篇。导航篇是在学生参观潜艇前的预习。在《馆校活动指导手册》中,学生可以全方位理解U505的历史和它的故事,U505长宽高、航行速度、食物、水手数量、航行路线等各类数据,甚至还有关于潜艇专业术语的介绍,防止学生在参观时理解困难。探究篇是一段时长25分钟的"登艇之旅"。教育人员会带领大家进入潜艇内部,观看各个部分并进行讲解。与此同时,该指导手册还列出了参观的注意事项,包括单独购票、监控记录等,供教师们参考。讨论篇是回校后教师带领学生对有关潜艇的问题进行讨论,包括"潜艇如何在水中漂浮""如何净水""如何保密"等,该指导手册上提供了可供参考的教学流程及方案,融合了真实的潜艇展示与教育的系列活动让公众进行深度学习,从而对潜艇产生最为真实深刻的认知。

除了潜艇,该博物馆自1933年建馆之初,就将伊利诺伊州南部的一座矿井的17号老坑"搬"至馆中,向观众展示了真实的采矿现场。观众参观煤矿的旅程持续30分钟,每批可容纳20人,观众先乘坐升降机到达黑漆漆的矿井里,在昏暗的矿灯下感受煤矿氛围;然后搭上煤矿工人日常通勤的小矿车,观看煤矿工人的工作与生活场景;接着该博物馆的教育人员会引导观众思考在矿井中如何打灯不会引起瓦斯爆炸,并演示戴维灯实验(图3)。随后,观众来到采矿现场,可以看到长壁采矿机对页岩区域的切割作业;然后所有人

美国芝加哥科学与工业博物馆
展现真实情境

图2 观众在"登艇之旅"中参观潜艇内部的德文仪表盘和柴油机（作者拍摄）

图3 教育人员在演示戴维灯的奥秘（作者拍摄）

馆游天下
全球科技馆里那些事儿

图4 科学风暴展区的"龙卷风"展项（作者拍摄）

走进煤矿监控室，听教育人员依次介绍监控室设备；最后返程时会经过一个有关清洁煤矿的小型展览。置身于真实的煤矿中让公众既好奇又兴奋，继而激发出深入探究的兴趣。

除了潜艇、矿井这种真实的人类工程外，芝加哥科学与工业博物馆在"科学风暴"展区还为观众模拟出闪电、海啸、雪崩等真实的自然现象。其中最受观众欢迎的展品是在展厅中央设置的高达12米的龙卷风柱（图4）。观众可通过按钮控制风速与风力，并在工作人员的引导下，钻进龙卷风，体验一下被风吹得透心凉、站都站不稳的感觉。这个展项不但非常生动地揭示了龙卷风成因，还能让观众在体验中对工作人员传授的龙卷风逃生技能留下深刻记忆。

这就是真实带来的力量，科普场馆可以利用沉浸式体验的钥匙，帮公众打开深度学习之门。

（作者系中国科学技术馆展览教育中心讲师）

参观提示

该馆地址：5700 S. DuSable, Lake Shore Drive, Chicago, IL 60637
该馆电话：001-773-6841414
该馆网址：https://www.msichicago.org/

美国康宁玻璃博物馆
臻于化境的技与艺

刘 巍

坐落在美国纽约州北部的康宁镇，本是一个以玉米种植为业的万人小镇，不过自从1868年商人老阿莫里·霍顿将自己的玻璃公司从纽约搬到这里，并改名为康宁公司后，这个小镇也就跟着不再平凡。它见证了康宁公司逐渐成长为世界500强，并用自己的技术及产品影响世人的奋斗历程。

1951年，为了向公众介绍玻璃制作的精湛技术及艺术，并回报社区对企业的多年支持，康宁公司决定在镇上成立康宁玻璃博物馆（Corning Museum of Glass），传播玻璃文化。自创建第一天起，该馆就将自己定位为非营利性教育机构，如今已经发展成为一个集收藏、展示、教学和研究为一体的机构。作为世界最大的玻璃主题博物馆，它收藏了跨越3500年的近5万件玻璃文物，而其附属的拉考研究图书馆也搜集了涉及50多种语言的超过50万项研究资料，并对公众开放。

"技术"和"艺术"是康宁玻璃博物馆的核心传播主题。该馆在创新中心展区向公众展示了玻璃制造的原理、技术。观众可以在这个展区看到康宁公司熠熠发光的创新之路。从1879年为爱迪生开发的白炽灯玻璃灯罩，到1935年用自研PYREX®材料为帕洛马山天文台海耳望远镜制造的直径为200英寸[①]的镜坯，到1961年为美国首次实现载人飞行的水星号飞船制造的耐热窗和1964年使用溢流熔融技术制造出的液晶显示器玻璃基板前身——单片无瑕玻璃，到

---

① 1英寸=2.54厘米。

1971年生产的第一根能够长距离保持激光信号强度的光纤，再到2007年研发出的如今已被广泛应用于智能手机、平板电脑、个人电脑、电视上的大猩猩玻璃……康宁公司对玻璃制造技艺的执着追求，使其每一次技术创新都对世人产生巨大影响。

为了让观众进一步了解这种大约起源于4000年前的古老技术，康宁玻璃博物馆在馆内设计了专业的玻璃制作技术演示场，全天多主题多场次服务观众。观众可在演示场内看到用于制作玻璃器皿及器物的热玻璃吹制和火焰加工技术、光纤如何利用光反射原理传输信号、探索不同的加热与冷却方式对玻璃破碎形态的影响，还能自己设计图案由技师制成纪念品带回家。一天近20场演示，让观众在轻松欢乐的氛围中走进玻璃的科技世界。

由于玻璃在制作过程中，会受热改变形状，如加入不同化学元素，还可使最后成品呈现出不同色彩，所以除上述科技、工业用途外，它也是绝佳的艺术创作材料。在康宁玻璃博物馆，观众不但能欣赏到远古先民的玻璃创作，如古埃及工匠为法老阿蒙霍特普二世（公元前1450—前1400年）所做的玻璃雕像、古希腊迈锡尼人制作的玻璃珠颈饰（公元前1400—前1250年），还能看到诸多当代玻璃艺术名家的代表作，如英国艺术家丹尼·莱恩设计的玻璃椅、法国艺术家克里斯托菲·塞梅设计的玻璃橱柜等。

不但保存过去，还面向未来。该馆于2019年推出了继1959年、1979年后的第3次新玻璃特展，展出来自32个国家的100名艺术家在过去3年里创作的作品。该特展项目延续多年，可谓是国际玻璃艺术界一大盛事，旨在激发艺术家、收藏界、艺术评论界对玻璃与当代艺术的关注，促进玻璃艺术创作的持续与创新发展。

除了展览，康宁玻璃博物馆还通过设立艺术家驻场创作项目来加强交流，助力培养玻璃艺术创作的后备力量。他们每年从众多申请者中挑选10位艺术家，资助其来馆进行为期1个月的交流与创作活动。期间，艺术家们可以在馆内演示区为观众演示，也可以面向公众演讲，阐述其创作理念。

美国康宁玻璃博物馆
臻于化境的技与艺

　　康宁玻璃博物馆的展示生动诠释了无数工匠、艺术家、科学家对玻璃"技""艺"极致巅峰的不懈追求，以及对创新尝试的开放与包容。

（作者系中国科学技术馆科研管理部副研究员）

参观提示
该馆地址：1 Museum Way, Corning, NY 14830
该馆电话：001-800-7326845
该馆网址：https://home.cmog.org/

美国林登·约翰逊航天中心
"真家伙"带来的震撼体验

庞晓东

位于美国得克萨斯州休斯敦市克利尔湖畔的林登·约翰逊航天中心（Lyndon B. Johnson Space Center），其命名来自对美国第36任总统林登·约翰逊的纪念。它始建于1962年，占地656平方千米，约有1.4万名工作人员，是美国航空航天局（NASA）最大的研究中心。它主要负责航天员训练和航天器升空后的指挥、追踪。著名的阿波罗1号飞船登月和"哥伦比亚"号航天飞机都是在这里进行飞行控制的。该中心也是休斯敦市民的骄傲，这里的NBA球队就命名为休斯敦火箭队，我国著名篮球运动员姚明曾在此效力。

该中心也是一个向公众开放的综合性航天科普基地，被称为"航天科普的大课堂"。这里展览的特点就是"真实"和"震撼"，观众可以看到与美国航天科技发展相关的实物，并与这些"真家伙"进行跨越时空对话，以下几件展品（展区）堪称绝对不能错过的精品。

一是放置在林登·约翰逊航天中心大门口的"飞机背飞机"——航天飞机运输机。这架编号为NASA 905的航天飞机运输机，由美国波音747客机改装而成，自1970年被组装后，曾执行200多次运载航天飞机的任务。该机退役后，该中心花费巨资把这个庞然大物拆解后运到这里，与"独立号"航天飞机模型重新组装后，于2015年建成这个高达8层楼的新景点供观众参观（图1），观众可以进入新景点参观体验，相当于一个实物展览馆。里面还播放一个短片，记录了运输安装的全过程。

美国林登·约翰逊航天中心

"真家伙"带来的震撼体验

图1　NASA 905航天飞机运输机（作者拍摄）

二是土星5号运载火箭（图2）。土星5号是一个三级运载火箭，长达110.6米，是人类历史上使用过的自重最大的运载火箭，起飞重量3038.5吨，总推力达3408吨，月球轨道运载能力45吨，近地轨道运载能力118吨。土星5号运载火箭于1962年开始研制，1967年11月9日首次发射，至1973年5月最后发射时，一共发射了17次，成功率达到100%。其中1968年12月21日，把阿波罗8号送入太空，载着3名航天员完成了人类第一次绕月飞行。1969年7月16日，阿波罗11号实现人类首次登月。1962—1973年，把阿波罗4号至阿波罗17号共14次送入了太空。土星5号运载火箭的最后一次发射是在1973年，这次发射将太空实验室送入了近地轨道，可谓功勋卓著。

三是美国首次把航天员送上月球时的地面控制指挥中心。这个指挥中心维

馆游天下
全球科技馆里那些事儿

图2 土星5号运载火箭（作者拍摄）

持了当初的原貌（图3），还播放着1969年7月16日从月球上传回的航天员声音实况："休斯敦，这里是静海基地，老鹰号已经着陆……"和阿姆斯特朗那句著名的"这是我个人的一小步，但却是全人类的一大步"。真实的场景，让观众仿佛置身于半个世纪前那个激动人心的时刻。用今天的眼光看这是落后和陈旧的设备，却让公众感受到科技的发展历程。这种感受和体验，是其他任何模拟展示手段和场景都无法给予的。

四是航天器实体模型区。这是一个非常大的建筑，公众可以从二楼通道隔着玻璃俯瞰这个类似工厂车间的大厅。这里满满当当陈列着国际空间站的实体模型，正在为将来航天计划研发的火星车、机器人、航天员训练设备，还有很多太空舱、工作实验台、吊装设备等，让人目不暇接（图4）。

除此之外该中心还有许多其他航天实物，如3艘曾探索太空的宇宙飞船、迄今为止最后一次载人登月的阿波罗17号指令舱，登月航天服、月球岩石标本、被太空漂浮物撞损的设备等，这些实打实的"真家伙"激发了观众探究科学技术的兴趣，引起了青少年对科技的热爱，并树立投身航天事业的远大理想。

林登·约翰逊航天中心把退役的航天设备作为展品向公众展示，充分发挥

美国林登·约翰逊航天中心
"真家伙"带来的震撼体验

图3 美国首次登月地面控制指挥中心（作者拍摄）

图4 航天器实体模型区（作者拍摄）

馆游天下
全球科技馆里那些事儿

其社会效益，非常值得我们学习借鉴。迫切希望我国航天部门能与科技馆等科普场馆联手，建立相应机制，让中国孩子们也能在科技馆看到真实的"长征""神州""天宫"，以及"嫦娥""玉兔""悟空"等，在培养科学兴趣的同时，增强民族自豪感和自信心，立志长大后投身航天科技事业。

（作者系时任中国科学技术馆副馆长，
现任中国科学技术协会科学技术普及部副部长）

参观提示
该馆地址：1601 NASA Pkwy，Houston，Texas，USA 77058
该馆电话：001-281-2442100
该馆网址：https://spacecenter.org/

美国亚利桑那科学中心 "可持续发展"的生动诠释

龙金晶

美国亚利桑那州地势起伏、地貌多样,大自然在此造就出各种奇妙的景观,既有高山峡谷,又有沙漠荒原,全州气候也因此变化巨大,尤其各区降水量堪称天壤之别。高峰地区年降水量在 500～1000 毫米,西南部沙漠区则仅为 50～150 毫米。而全州 29.5 万平方千米有 40% 是沙漠地带,所以也就不难理解这里的州花被定为沙漠里最常见的植物——柱状仙人掌了,同样不难理解这里最令政府头疼的问题就是环境的保护利用及地区的可持续发展了。

坐落于该州州府凤凰城的亚利桑那科学中心(图1)将可持续发展理念贯

图1 美国亚利桑那科学中心入口处(作者拍摄)

馆游天下
全球科技馆里那些事儿

穿策展始终,既体现地方特色,又服务城市发展,同时也引导公众对这一议题的共同关注。

亚利桑那科学中心共有9个常设展区,分别为"认识你自己""美国航空飞行区""空中自行车家庭体验区""自然的力量""动手变变变""财商大作战""我的数码世界""太阳小镇""奇迹体验中心"。其中"自然的力量"和"太阳小镇"展区都以环境保护和可持续发展为主线,向公众传播人与自然和谐共处的理念与方法。

例如,"太阳小镇"展区不但展示了如何利用太阳能、风能,还展示了如何从藻类、替代燃料和粪便中获得可持续的绿色能源。观众通过参观可以看到世界各地所面临的可持续能源问题,以及科学家与工程师们为解决这些问题所运用的尖端技术。

这里的展品不大,却创意十足。例如,用简单的垃圾桶和废弃的可乐瓶进行组合,就形成了垃圾柱展项,鼓励人们垃圾分类及循环利用;又如利用墙面画与实物模型相结合(图2),生动形象地告诉人们"每次洗澡减少1分钟,一年能节省500加仑[①]的水",贴近生活,又让人印象深刻。

图2 墙面画与实物模型结合的展品(作者拍摄)

---

① 1加仑(美制)≈ 3.7854升。

美国亚利桑那科学中心
"可持续发展"的生动诠释

此外,馆方还配合展厅主题设计了丰富的教育活动。孩子们可以在这里观察伊乐藻光合作用释放氧气,可以自己动手制作简易太阳比萨烤炉和太阳能小车,还可以在辅导员的带领下进行与太阳相关的艺术创作;而老师们则可以得到馆方为他们精心设计的教学方案和学习单,甚至还准备了小教具。

而在"自然的力量"展区,观众可以借助于展品沉浸式体验身处飓风、龙卷风、野火、火山爆发或季风中的感觉;可借助于大数据看到全球最近6周的天气模式,探索造成风暴的空气运动模式;还能在昆虫展示台看到亚利桑那州特有的蝴蝶、蜘蛛、甲壳虫等多种昆虫标本,其中,该州特有品种大蜘蛛的活体,极具视觉冲击,让人印象深刻。观众通过在该展区的参观可以加深其对人与自然关系的理解,以及对可持续发展概念的认知。

此外,观众还能与长期研究亚利桑那州自然环境的火山学家、水文学家、气象学家面对面交流,听他们分享自己的故事,理解这些科学家的工作对于世界的意义。

除展厅里的教育活动,亚利桑那科学中心还与大学、机构合作,组织可持续发展专题教育活动。例如,与亚利桑那州立大学在2020年2月15—17日联合举办"可持续家庭日"活动,分享小妙招,引导公众对环境产生更积极的影响;他们还举办过非常有想象力的火星可持续生存教育活动——"波音航空挑战赛"。2016年10—12月,20名高中生、3名教育工作者、3名波音公司航空航天工程师和4名创意教练共同参加了这项为期6周的活动。他们共同尝试利用已有的工程设计流程,以及创意工具和资源,创造模型模拟解决人类在火星的可持续生存、机场修建及航空运输等富有挑战性的问题。这样的策划可谓是未雨绸缪,毕竟如果地球环境继续恶化下去,也许有一天会变得和火星差不多,那人类的生存问题也就成了一大挑战。

(作者系中国科学技术馆资源管理部副主任)

参观提示
该馆地址:600 E. Washington St. Phoenix,AZ 85004
该馆电话:001-602-7162000
该馆网址:http://www.azscience.org/

美国旧金山探索馆
独具匠心的展品设计

莫小丹

位于美国旧金山的探索馆是世界最著名的科普场馆之一。它建于1969年，成立初衷是通过提供动手操作的真实体验，唤起青少年对科学的兴趣。

探索馆历经50年的发展，始终遵循其创始人——著名物理学家与教育家弗兰克·奥本海默的理念，将科学原理蕴含在展品中，为观众营造"与科学家真实的工作环境一模一样的氛围"。

作为科学中心的开创者之一，探索馆倡导学生独立思考、亲自动手，到实践中去学习，从观察和体验中获得直接经验，增进理解科学的能力。探索馆的先进科学教育理念将科技博物馆的发展引向一个新的发展阶段，开启了世界科学中心（我国一般称作"科技馆"）建设和发展的序幕。探索馆研制并展出的展品，成为世界各国科技馆在展品设计时效仿的对象，引发科技馆领域内展品设计革命。2017年5月，笔者随团参观美国旧金山探索馆，详细了解展品研发理念和制作过程，对其有了更为直观的认识。

探索馆的展品设计强调动手互动与探究体验，让观众感到科学现象的奇趣，引发兴趣和思考，而非生硬地追求原理的具体解释，也极少使用多媒体进行内容演示。探索馆的设计团队包含艺术家、科学家、设计师、工程师等，在展品创意的过程中，他们反复碰撞、讨论，共同打磨科学、艺术与趣味相结合的展品，这些展品往往都能经得起时间的检验。

例如，"三维形状"（3D Shapes）这件展品，200多种不同形状和颜色的多边形，每个多边形的边长相同或是其倍数，通过边缘的尼龙粘扣相互连接，可以拼搭成丰富的三维立体形状(图1)。多边形很容易创造出几乎无限多种形状，可以搭建任何东西，从形式到内容都透出数学几何简洁的艺术美感。过程中让观众自己构建物体，既有趣，又让人有成就感。这件展品建立在自然参与的活动基础上，确保新手和专家都可以建造有趣的结构，激发他们在三维空间中的想象力。

图1 展品"三维形状"（王二超拍摄）

展品初次亮相后，设计者在观察观众行为时发现，观众只是胡乱摆弄，并没有如设计者希望的那样深入思考、做出具体的几何发现。设计者在随后的展品迭代中，增设了8张可以上拉的任务卡，为观众提供不同的挑战任务，如要求观众只使用五边形和六边形材料来制作一个足球，但并不详细阐述制作步骤，观众可以尝试各种方法。通过对观众的观察发现，任务卡确实可以帮助一部分观众上手，尤其是观众完成挑战后，还向其传达了这样一个理念：还有很多其他活动值得一试，观众会进一步尝试制作自己的发明。展品的改良实现了在不影响初次参与的情况下促进观众长期参与的目的。类似的展品优化过程是探索馆一直倡导的，他们鼓励设计团队根据观众

馆游天下
全球科技馆里那些事儿

的反馈，对展品进行快速的迭代设计。

同时，探索馆一直致力于开发能够促进观众积极主动、长时间参与的展品。那如何做到呢？探索馆设计团队认为，观众在对展品进行观察时，能提问并自行寻找答案，通过阅读说明牌来继续使用展品，参与说明牌中未完全涵盖的活动，并自主进行科学探究，这个展品就是一件成功的展品。

如"三维形状"的展台设计成了一张八边形桌子，允许多组观众同时操作，有效使观众长时间停留，不同背景的观众一起参与进来，还可以社交互动，激发观众之间的讨论。展台周围还布置了长椅，当儿童或同伴在制作立体形状时，长椅可以让父母和其他参与度低的观众坐下休息，有助于排除干扰，使观众能够花更多的时间和展品在一起，深入地参与到展项中来。

探索馆的展品正是通过这些巧妙的设计，鼓励观众观察、玩耍、研究、探索、合作、试验、推测，在每一次互动中，观众都能得到积极的反馈，帮助观众透彻了解展品，从而形成良性循环，并进一步激励观众继续进行探索发现。好的展品，能激发人的好奇心，鼓励观众自主探究、自由思考，在这方面，探索馆提供了借鉴。

（作者系中国科学技术馆科研管理部助理研究员）

> **参观提示**
> 该馆地址：Pier 15（Embarcadero at Green Street），San Francisco，CA 94111
> 该馆电话：001-415-5284444
> 该馆网址：https://www.exploratorium.edu/

美国康涅狄格科学中心
细微之处见匠心

廖 红

康涅狄格科学中心位于美国康涅狄格州哈特福德,是一座9层建筑,于2009年起对外开放(图1)。该科学中心的建筑占地面积约1.4万平方米,其

图1 康涅狄格科学中心外景(作者拍摄)

馆游天下
全球科技馆里那些事儿

中包括3700平方米左右的交互式展览。该科学中心的展示面积不大，但展品比较有特色，一些展品的设计颇具匠心。

位于2楼的中央大厅是个挑空空间，有从墙里探出来的、用钢丝做的恐龙，直升机框架等，具有很好的装饰性与科技感（图2）。还有一件"火箭发射"展品被吊在挑空区域的最顶端，它的互动点位于4楼的公共空间。观众发射"火箭"（实际上是一个大的塑料瓶）发出比较大的声音，"火箭"直冲楼顶，使得在其他楼层回廊里的观众们都可以听到并观察"火箭"上升，极大地吸引了他们的注意。

展品"埃丝特的饮食"简单而有趣（图3）。整体造型是一位名为埃丝特的女性"抱"着一个屏幕，主要讲解人体饮食、消化、运动间的关系。观众把代表不同食物的卡片"喂"给埃丝特，扳动一侧的手柄来代表埃丝特的运动情

图2 康涅狄格科学中心中央大厅（作者拍摄）

图3 展品"埃丝特的饮食"（作者拍摄）

况，然后可以通过屏幕看到所"喂"食物的营养成分、"吃"了该食物后埃丝特脂肪的变化、埃丝特运动的消耗，以及人体所需的微量元素指标等。展品设计朴素、操作简单、互动性强，食物卡片回收平顺，说明文字幽默有趣。展品描述中有一条免责声明：请只喂埃丝特豆类和西兰花等，希望她不要真的"放屁"哟！

许多科技馆都有展品"方轮车"，通常只是展示方轮车可以在特定轨道上平稳行走；而该科学中心通过一个有5条轨道的斜坡，不仅说明了方轮车的特点，还鼓励观众调节车的配重及质量分布，通过竞速的形式激发观众更好地动手动脑探究。观众甚至可以将多个车"连"在一起，配重块也可以放在不同位置，如此多样化的组合能让观众在试验中领悟科学。该科学中心通常不告知观众具体的科学原理，而是通过问句形式启发观众思考，指引他们探索，如"你能够说出为什么这些方轮车可以平稳地行驶吗？""什么样的组合与放置位置令你的小车更快？"等。

展品互动方式体现了设计者的用心，他们充分利用了生活中常见的工具等作为操作部分，既熟悉，又新奇。一组采用手电筒、电锯、电钻、锤子、起钉器、电吹风等作为操作点的问答式展品很吸引人，观众好奇它们为什么出现在展品上，于是不自觉地想动一下，根据每种工具特点再利用透光性、视觉暂留、滑板等将答案展现出来，这远比多媒体或简单翻板式互动要有趣得多。

在体育实验室中有一个展品令人印象深刻。它高约4米，在保护网中有一个假人的头部，观众可以将不同的头盔戴在假人头上，然后让一个大木槌从5米高落下并高速打击头部，旁边的显示器上可以看到头部受到的冲击，以此了解不同头盔的保护作用。因展品视觉冲击力强，更具有教育意义。

面向儿童的展区设置得较为分散，即基本各个展示空间都设有适合低龄儿童的展品；其独立的儿童乐园以水为主题，通过水运球让小朋友们在玩耍中体会力、运动、方向、旋转等概念。其特点体现在服务上，提供了儿童车、小雨衣、雨靴和专门换衣服的地方。此外，面向儿童的展品强调角色扮演，如健康展区内展示了救护车，其可以爬上担架，成为病人，同时也可以和一群在救护车里扮演急救医生的小朋友交流。该科学中心的生命展区和蝴蝶区都有活的生

物，如蝴蝶、蛇、海龟和虫子等，深受儿童喜爱。

康涅狄格科学中心致力于为不同年龄的观众提供有趣、优质的家庭体验和学习机会，鼓励该州青少年开展科学研究，并促进哈特福德的发展。

（作者系中国科学技术协会科学技术普及部副部长、研究员级高级工程师）

> **参观提示**
> 该馆地址：250 Columbus Blvd Hartford，CT 06103
> 该馆电话：001-860-7243623
> 该馆网址：https://ctsciencecenter.org/

美国太空与火箭中心
航天梦起"太空营"

曲晓亮

汉斯维尔，美国亚拉巴马州北部的一座小城，面积虽只有451.8平方千米，但在美国太空科学的发展历程中却占据着重要地位。20世纪40年代，美军从战败的德国手中挖来了不少像沃纳·冯·布劳恩这样的火箭专家，并把他们安置在此。1960年7月1日，美国国家航空航天局在此成立由冯·布劳恩担任首席科学家的马歇尔太空飞行中心。作为主持了水星、阿波罗等一系列太空计划的著名科学家，冯·布劳恩深知青少年才是太空科学的未来，于是他多方呼吁，筹措款项，并说服红石兵工厂捐赠土地，最终于1970年在马歇尔太空飞行中心附近，建起了一座面向普通大众，尤其青少年的太空主题博物馆——美国太空与火箭中心（图1）。

图1 美国太空与火箭中心入口（作者拍摄）

馆游天下
全球科技馆里那些事儿

这是世界上最全面的美国载人航天硬件博物馆，它拥有1500多件火箭和空间探索文物，从美国第一颗卫星"探险者1号"到"追梦者"航天飞机，展示了人类太空飞行的过去、现在和未来。除了这些重量级展品，美国太空与火箭中心还是世界首屈一指的太空科学教育中心，它拥有一项世界一流的"太空营"教育项目。该项目于1982年启动，其设计思路也来自冯·布劳恩。他认为美国太空与火箭中心就是一座关于飞机、工程、物理、天文和机器人的教育基地，非常适合进行青少年太空科学启蒙教育，鼓励他们走上科学研究道路。迄今为止，"太空营"已经接纳了来自120个国家的70余万学员参加太空主题科学培训，其中大部分是青少年。

在"太空营"里，学员们在老师的带领下学习太空和飞行的历史，团队合作完成模拟的太空任务，并了解成为航天员的真正含义。

参观学习是"太空营"培训的第一步。美国太空与火箭中心的室内展厅以著名的土星5号运载火箭和阿波罗计划为主线设计和布局。位于展厅中央的土星5号运载火箭（图2），呈三级分开状态，是美国国家航空航天局在阿波罗计划和天空实验室计划中使用的多级可抛式液体燃料火箭，也是迄今为止世界上体积最大的火箭，给观众带来了巨大的视觉震撼。

阿波罗计划的相关展陈有发动机、发射架、太阳能电池板、中央控制系统、逃逸塔、轨道飞行器、着陆器、返回舱、宇航服、月球车……（图3）陈列看似分散，却又层层关联，一步步提高观众的参观热情，激发观众探索太空的兴趣，既普及了科学知识，又弘扬了科学精神。

除实物展品外，展厅内还有各种各样的仿真模型：太空舱模型，国际空间站核心舱模型、载人返回舱模型……观众随时可以享受体验互动的乐趣。而在室外的火箭广场上也放置了多种与实物等大的运载火箭模型，它们高高矗立，无比壮观。

参观只能帮助学员们获得对太空科学的初步认识，美国太空与火箭中心的教育团队还与美国国家航空航天局合作，研发了内容丰富的STEM课程，为学员们带来了可口的科学大餐，包括：邀请美国前任或现任宇航员现场讲座；动手设计制作队标和太阳帆；观察探索太阳系八大行星；制作并发射火箭；进行

美国太空与火箭中心
航天梦起"太空营"

图2 土星5号运载火箭(作者拍摄)

图3 阿波罗16号指挥舱(作者拍摄)

馆游天下
全球科技馆里那些事儿

图4 学员模拟宇航员出舱对飞船进行维修
（作者拍摄）

烧蚀热防护实验等。

当然，最具特色的课程当属"太空模拟体验"了。在宇航模拟体验馆中，参与者可以扮演不同的太空角色，承担不同的太空职责，完成不同的太空任务，有地面指挥中心工作人员，有在国际空间站进行化学、物理和生物实验的科学家，有随时监测环境和气候变化的环境学家，有负责宇宙飞船着陆的驾驶员和指挥员，有负责实施救援任务的出舱宇航员。这种沉浸式学习体验常常让学员们兴奋不已（图4）。

优质的课程也为"太空营"带来了良好口碑。据调查，96%从"太空营"毕业的学员表示，这次经历增加了他们对STEM主题的兴趣；61%的毕业学员目前正在从事与航空航天、国防、能源、教育、生物技术相关的工作，或者正在学习相关课程；更难得的是，已经有10名从"太空营"毕业的学员通过严格的考核，正式成为美国国家航空航天局的宇航员，实现了自己的航天梦。

这里就是开启浩瀚宇宙星际征程的起点，这里是美国太空与火箭中心。

（作者系中国科学技术馆展览教育中心副研究员）

> **参观提示**
>
> 该馆地址：One Tranquility Base，Huntsville，Alabama 35805
> 该馆电话：001-256-8373400
> 该馆网址：https://www.rocketcenter.com/

大洋洲

澳大利亚国家科学中心
懂理论、有实践的"科学马戏团"

苑 楠

澳大利亚国家科学中心坐落于首都堪培拉美丽的伯利·格里芬湖畔，它自1988年正式落成开放时，就带有浓郁的学院派色彩。

其创始人和首任馆长是澳大利亚国立大学的物理学教授迈克尔·戈尔，现任馆长是曾在格拉斯哥大学科学传播专业执教25年之久的格拉汉姆·杜兰特教授。基于这样的背景，澳大利亚国家科学中心历来重视用理论指导实践，与高校创建了众多合作项目，其中最著名的就是与壳牌公司、澳大利亚国立大学联合发起的"科学马戏团"项目，该项目的运营培养了一批具有实践经验的科学传播人才（图1）。

"科学马戏团"项目其实早在1985年就启动了，当时迈克尔·戈尔教授带着部分展品到澳大利亚其他城市进行展出。如今，这个团是澳大利亚，乃至世界上运作时间最长、行程距离最远的科学中心外展服务项目，其表现形式与我国科普大篷车相似，主要通过车载运输方式将小型展品和科普器材运到全国各地进行展出和互动。巡演团队一般由15名工作人员组成，其中10名是澳大利亚国立大学在读的硕士研究生，其余5名为馆方的项目经理、协调员和司机等。10名学生承担了布展、展示、讲解、表演等主要工作，通常在巡展中分为5个演出小组，每2人一组。马戏团每到一个地区，就会选择该地区的中心位置作为基地，然后分小组到附近不同学校开展科学传播活动（图2）。

参与项目的学生来自全国各地，他们均经过严格筛选，需获得正规大学或高等教育机构的科学、工程或技术方面学士学位，并且具备一定的讲解、表演、

澳大利亚国家科学中心
懂理论、有实践的"科学马戏团"

图1 澳大利亚国家科学中心的专家正在培训参与"科学马戏团"工作的研究生（作者拍摄）

图2 "科学马戏团"到校活动互动现场（作者拍摄）

馆游天下
全球科技馆里那些事儿

演示等相关经验和技能，因此他们申请时除书面材料外，还需要提交一段自己进行科学表演的短视频。一旦被"科学马戏团"项目录用，他们能在一年内以澳大利亚国立大学科学传播专业学生的身份参与该项目实践，并在期满后获得硕士研究生毕业证书。学生们一年中有半年在堪培拉完成课程学习，另半年随"科学马戏团"巡展。他们所学课程涵盖了公众科学传播、展览设计、科学与公共政策、媒体中的科学、科学传播策略等内容，需要自己撰写讲解词和表演脚本并进行成果展示，同时还要充分了解巡展的全部操作与活动协调流程。每年老生毕业，新生接替，这样的安排既保证了参与工作学生的总数保持稳定，也因每年换人而让他们对工作抱有极高热情和积极性。

30多年来"科学马戏团"造访超过500个城镇，其中包括90多个原住民社区，每5年可覆盖一次澳大利亚全境；开展了15 000多次科学秀表演，举行的职业提升培训班让5000多名科学教师受益，激起了众多孩子们的科学热情。

该项目的成功经验也为其他国家提供了借鉴，他们受邀走出澳大利亚，积极与南太平洋岛国、东帝汶、印度、泰国、韩国、中国、阿布扎比、越南、日本，以及南部非洲地区的科学教育科学传播同行们交流分享，澳大利亚政府已将"科学马戏团"视为重要外交项目，而多位曾在"科学马戏团"锻炼过的团员，如今也独当一面，在缅甸、泰国、韩国、蒙古国、文莱等国实施了许多科学传播项目。

"理论联系实践"，做起来远比说起来难，澳大利亚国家科学中心与澳大利亚国立大学的合作坚持了30年，终于结出累累硕果，不但摸索出行之有效的人才培养模式，而且促进了全球科学传播人才培养事业的发展。

（作者系中国科学技术馆科研管理部高级工程师）

参观提示
该馆地址：King Edward Terrace，Canberra ACT 2600，Australia
该馆电话：0061-2-62702800
该馆网址：https://www.questacon.edu.au/

西澳大利亚科技馆
"小小科学家"的学习乐园

李竞萌

说起STEM（科学、技术、工程、数学）教育，大家可能并不陌生，虽然近几年才在中国兴起，但这股教育界的"新风"可谓是吹遍了大江南北，甚至有地方教育部门已经在研究将该教育模式应用于中小学课堂。而一直强调培养动手实践能力的科技馆教育体系怎么能错过这股"春风"？其对STEM教育更是爱不释手。本文所说的西澳大利亚科技馆，就是该领域的佼佼者。

早在30多年前，西澳大利亚科技馆成立之初就提出了以STEM教育为核心的办馆理念，发展至今，每年接待观众量已达到50多万人次，官网和社交媒体平台更是吸引了数十万用户，这对于人口仅为200多万、地广人稀的西澳大利亚地区来说，绝对是"网红馆"般的存在。

教育界普遍认为，STEM教育特别适合中小学阶段的理工学科启蒙，而西澳大利亚科技馆深知自己作为非正式教育场馆的定位，与学校STEM教育进行了差异化区分。除了针对中小学参观群体这一科技馆主要参观人群外，该馆更是在面向0～6岁学龄前低龄儿童的STEM教育方面，开展了尤为丰富且深入的展览和活动。

2018年，西澳大利亚科技馆更新改造了学龄前低龄儿童专题展区——"发现乐园"，并于同年7月重新开放。展区中不仅翻新了观众最喜爱的展品"未来建筑者之墙"；还增添了全新设计的展品，如"射线发射桩""科学的音律"，同时在官网发布长达48页的引导手册供家长下载，帮助其对婴幼儿进行

馆游天下
全球科技馆里那些事儿

STEM 启蒙教育。

针对学龄前低龄儿童自理自主学习能力较弱、需要更多引导的特点，该馆工作人员在儿童进入该区域后会分组辅导，向其介绍"发现乐园"，并鼓励他们与展品互动。更为贴心的是，即使是学龄前低龄儿童这个群体，工作人员也没有"一勺烩"，而是根据其认知特点、自理能力、理解方式的不同，将这一群体细分成更小组别进行 STEM 技能学习。例如，同样是参观"未来建筑者之墙"展品，该馆将孩子分为 0～3 岁婴幼儿、4～6 岁幼儿两个阶段，设计了两种不同的 STEM 互动玩法：

对于 0～3 岁婴幼儿，主要是教其如何玩耍。因为这个阶段的孩子年纪尚幼，表达能力有限，多半只能运用碎片化词语，甚至还不太会说话，所以教孩子们如何在该区域里更好地玩耍互动，可以帮助他们探索未知领域，这也是进行 STEM 教育的起点。辅导员以鼓励孩子多用眼观察、用手触摸为主，会向孩子们提出类似这样的问题：

- 这个砖块看起来像什么？（颜色、形状）
- 我能用它做什么？
- 我如何让它工作？（推、拉等）
- 我想知道如果……会发生什么？

对于 4～6 岁幼儿，主要是教孩子如何使用简单机器。这个年龄段的孩子通过幼儿园教育，有了一定自主认知能力，且想象力丰富，辅导员会因势利导，向孩子们抛出更具开放性的问题，鼓励他们多多独立思考，在与展品的亲密互动中找到解决问题的方法。辅导员会让孩子们带着任务完成以下问题：

- 你能找到这些简单的机器（齿轮、车轮、溜槽、杠杆、滑轮、螺丝、坡道）吗？（辅导员会借助图案卡片给予提示）
- 在筑墙过程中，你如何让它们发挥作用？
- 你能找到由许多简单机器组成的大机器吗？

最后，辅导员还会带领孩子们讨论，让他们分享自己的经验和观察。整个过程中始终坚持让孩子在探索中掌握学习的主动权和自主性。

西澳大利亚科技馆
"小小科学家"的学习乐园

值得一提的是,在"发现乐园"改造期间,西澳大利亚科技馆在临时展厅为学龄前低龄儿童开设了"探索你的世界"展区。这种做法可以填补"发现乐园"目标观众的参观空窗期,保持观众黏度。

(作者系中国科学技术馆科普影视中心讲师)

参观提示

该馆地址:City West Centre,Corner Railway Street & Sutherland Street,West Perth,Western Australia 6005
该馆电话:0061-8-92150700
该馆网址:https://www.scitech.org.au/

馆游天下

抗疫·使命

博物馆
唤起不能被遗忘的疫病记忆

刘 巍

一万多年前，两河流域的人类祖先驯化了大麦和小麦；八千年前，黄河流域的先祖又驯化了小米，而鸡、羊、猪、牛、马等动物也差不多同期相继被人类驯化。这些动植物的驯化标志着人类农业文明的开启，祖先们的生活方式也逐渐从游猎变为聚集性农业生产。不过，聚集虽提高了生产力，却也为传染性疾病的暴发埋下了隐患——一旦感染，就会造成更多人的死亡。

所以，人类从那时起就一直在与各种传染病斗争，如天花、霍乱、麻风、鼠疫、流感，以及在全球肆虐的新型冠状病毒。这些病疫，让我们付出了惨痛的代价，却也让我们在抗争中变得更加强大。而博物馆作为连接人类过去与未来的重要载体，向公众展示与疫病抗争的历史，追溯往昔、警醒后世，也正是其责无旁贷的使命。

在人类历次对疫病的抗争中，1918年，由甲型H1N1流感病毒引发的1918年西班牙大流感，可谓人类历史上最严重的流行病疫情，它造成了全球约5000万～1亿人死亡，其中仅欧洲就死亡2500万人。教训太过惨痛，历史不容遗忘，2018年在世界性大流感暴发100周年之际，全球多家博物馆推出了相关展览及教育项目。

美国史密森国家自然博物馆二楼展出的"暴发：互联世界中的流行病"（Outbreak: Epidemics in a Connected World）专题展览，在近400平方米的展厅中，策展人引导观众像流行病学家一样思考，通过与兽医、公共卫生防控人员合作，追踪查找人类、动物和环境之间的联系，识别并应对极具传染性的艾滋病毒、埃博拉病毒、流感、寨卡病毒等。展览还借用各种案例，突出了疫情对受害者及其亲人，乃至整个社会的情感影响，不仅展有寨卡病毒传播者——伊蚊的巨大复制品，还有1929年死于疫病的一位病人的头骨，以及为纪念一位1990年死于艾滋病、名叫瑞安·怀特的少年生前照片剪辑簿。同时，展览还有配套的教育活动——"互联世界中的疾病侦探"，观众以多人合作的方式参与，共同完成控制疫情暴发的任务。

纽约市博物馆也为纪念1918年西班牙大流感暴发推出了专题展览"细菌之城：微生物与大都市"（Germ City：Microbes and the Metropolis），展览以更加宽广的视角告诉观众，在与传染病斗争的过程中，需要政府、城市规划部门、医生、企业和社会公众共同发力，传染病暴发也会对城市环境、社会、文化产生深远影响，在城市环境中人与病原体之间还会发生令人惊讶的相互作用。

此外，爱尔兰国家博物馆推出了"内敌：西班牙流感在爱尔兰（1918—1919"）（The Enemy Within：The Spanish Flu in Ireland 1918-1919）专题展览。该馆在3位流行病史学家研究的基础上策划了此次展览，向公众展示了1918年西班牙大流感对爱尔兰革命时期社会的影响，而在此前的历史研究中这方面的影响一直未受到重视。尤其值得关注的是，该展览还展示了当时被用来对抗烈性传染病的爱尔兰民间药物和治疗方法。英国伦敦的弗罗伦斯·南丁格尔博物馆也开发了沉浸式展览"西班牙流感：史上最致命大流感期间的护理"（Spanish Flu：Nursing during history's deadliest pandemic），展览除了追溯那段惨烈的历史，更聚焦于护士在抗击疫情中所发挥的作用、牺牲与奉献。该展览获评英国2019年博物馆与文化遗产奖的"年度临时或巡回展览"。

如果以上这些专题展览还不够，你想更加系统地了解公共卫生机构对流行性疾病的防控措施，相信位于亚特兰大的美国国家疾病控制与预防中心博物馆（David J. Sencer CDC Museum）能满足公众的深度探究需求。该馆作为美国史密森学会的合作机构，免费向社会开放，展示了美国国家疾病控制与预防中心的历史，向公众宣传基于预防的公共卫生事业的价值，着重面向中学生进行流行病学和公共卫生科学教育，鼓励年轻人致力于从事公共卫生领域工作。除常设展览外，每年该博物馆通常还会推出2～4个专题展览，关

注公共卫生与社会发展的方方面面,如"变化之风:公共卫生与印度乡村"(Changing Winds: Public Health and Indian Country)、"REACH项目在行动:提升社区能力 促进公众健康"(Reach in Aaction—Racial and Ethnic Approaches to Community Health)、"CDC的故事"(The Story of CDC)等专题展览。该馆的"疾病侦探营"是颇受中学生欢迎的跨学科教育项目。学生在线申请后,可于暑假在国家疾病控制与预防中心总部参加公共卫生相关学科的项目式学习,主题包括公共卫生干预、疫情、数据分析、学校健康计划、紧急备灾、科学通信、实验室技术、流行病学等。

流行性疾病的防控需要全社会共同努力,无论是专题展览,还是教育项目,只要人类与流行性疾病的斗争没有终结,博物馆人的使命也不会终结。

(作者系中国科学技术馆科研管理部副研究员)

博物馆
唤起不能被遗忘的疫病记忆

参观提示

场馆地址：1000 Madison Drive NW Washington，D.C. 20560
（美国史密森国家自然博物馆）
1220 Fifth Ave at 103rd St.，New York
（美国纽约市博物馆）
Turlough Park，Castlebar，Co. Mayo，F23 HY31
（爱尔兰国家博物馆）
St Thomas' Hospital，2 Lambeth Palace Road，London，SE1 7EW（英国弗罗伦斯·南丁格尔博物馆）
1600 Clifton Road NE，Atlanta，GA 30329
（美国国家疾病控制与预防中心博物馆）

场馆电话：001-212-5341672（美国纽约市博物馆）
00353-1-6777444（爱尔兰国家博物馆）
0044-20-71884400
（英国弗罗伦斯·南丁格尔博物馆）
001-404-6390830（美国国家疾病控制与预防中心博物馆）

场馆网址：https://naturalhistory.si.edu/
（美国史密森国家自然博物馆）
https://www.mcny.org/（美国纽约市博物馆）
https://www.museum.ie/en-ie/home
（爱尔兰国家博物馆）
https://www.florence-nightingale.co.uk/
（英国弗罗伦斯·南丁格尔博物馆）
https://www.cdc.gov/museum/
（美国国家疾病控制与预防中心博物馆）

亚 洲

日本东京目黑寄生虫馆
借问瘟君欲何往

王晓民

疫病流行的罪魁祸首是病原体，又被称为"瘟神"。病原体分为两类，一类是微生物，如病毒和细菌等，在人与人、动物与动物或人与动物之间相互传播疾病；而另一类病原体是寄生虫，它们是寄居在别的生物（即宿主）体内或体外的一类生物，利用宿主作为食物的来源，以及生长发育和繁殖的场所，并能使宿主产生寄生虫病。它通过媒介昆虫、动物等传染疾病，虽然它们在20世纪就逐步淡出了人们的视野，但并没有彻底消失，而是由于世界各国采取立法、公共卫生防治等措施避免了其大范围传播。昔日毛泽东同志诗词《七律二首·送瘟神》中有"借问瘟君欲何往"，若公众想再看看其中的"瘟君"，位于日本东京的目黑寄生虫馆可以找到它们的踪影。

探秘：你所不知道的寄生虫

目黑寄生虫馆于1953年由医学博士龟谷了创立，它是世界上唯一一家以寄生虫学为主题的博物馆。馆内珍藏众多寄生虫标本，每天吸引着来自世界各地的游客和学者（图1）。一层和二层作为博物馆展厅常年开放，展出约300件浸制标本和相关资料。其他楼层则是不对外展出的研究室、文献室、标本库。该馆收集并保存了约6万件寄生虫标本，还收藏了5万册图书。

该馆一层展示的是"寄生虫的多样性"主题展厅，展出各种各样的寄生虫标本，还有展板和视频；二层是"与人体有关的寄生虫"展览，展出人兽共患寄生虫、有害动物、人体寄生虫标本和展板，以及日本寄生虫学研究历史等内容。

馆游天下
全球科技馆里那些事儿

图1 目黑寄生虫馆每天吸引着来自世界各地的游客和学者（作者拍摄）

在一层，观众可以见到大名鼎鼎的血吸虫的相关资料。新中国成立前，血吸虫病曾肆虐于我国长江流域及其以南的江浙一带等12个省份，对人民身体健康造成了极大伤害。这种古老的疾病在中国至少有2000多年历史，从湖南省长沙市马王堆汉墓出土的古尸体内发现了血吸虫虫卵。

解密：寄生虫究竟是怎么害人的

在二层楼梯口处展示了很多寄生虫虫卵和昆虫媒介模型。观众可以了解到，寄生虫既可以作为病原体传播疾病，也可以通过媒介昆虫，如蚊子、跳蚤等，叮咬人体传播疾病，在宿主的细胞、组织或腔道内寄生，对人体的损害多是掠夺营养、引起炎症、阻塞血管等，威胁着人类健康，甚至生命。它的传播途径分为接触感染、吸入感染、自身感染和逆行感染等。

在二层中间位置为"人兽共患寄生虫展区"，展示了一件长达8.8米的绦虫标本，旁边有一条绳带让观众体验缠绕在人体内8.8米的绦虫究竟有多长（图2）。这条寄生虫名为日本海裂头绦虫，是一位40岁的男性在食用了感染寄生虫的大马哈鱼后，从小肠中排出的。小小寄生虫仅用3个月就长到如此之大，着实令人震惊。

日本东京目黑寄生虫馆
借问瘟君欲何往

图2 观众用一条绳带体验缠绕在人体内8.8米的绦虫究竟有多长（作者拍摄）

后记：我国也有医学昆虫标本馆

在人类预防医学史上，寄生虫学是一个非常重要的研究领域，目黑寄生虫博物馆展示了日本寄生虫学研究工作的历史和成就，经过几代人的不懈搜集，不断丰富馆藏，使该馆成为日本东京的著名景点。其实在我国也有一所医学昆虫标本馆——军事医学博物馆的分馆之一。它的馆藏主要是医学昆虫，以及与人类疾病有关系的鼠类和鸟类标本，共计2500余种300余万件，包括蚊、白蛉、蠓、蚋、虻、蝇、蚤、蜱、螨、鼠和鸟共11类，暂时去不了日本目黑寄生虫馆的观众，也可以来这里了解预防医学知识。

（作者系科学普及出版社暨中国科学技术出版社原编辑）

参观提示

该馆地址：4-1-1 Shimomeguro，Meguro-ku，Tokyo 153-0064，JAPAN
该馆电话：0081-3-37161264
该馆网址：https://www.kiseichu.org/

全国科技馆
迅速开辟抗疫科普服务的网络阵地

马宇罡 刘 巍 齐 欣

2020年新年伊始，新型冠状病毒肺炎疫情来势汹汹，打破了原本喜庆祥和的春节氛围。随着疫情逐渐升级，本应是新春佳节中喜迎八方来宾的全国各地科技馆，通过官网、微博、微信等渠道发出闭馆公告。

虽然实体馆的门无奈地关上了，但是中国科学技术馆积极通过线上平台，迅速打造了科普服务的网络阵地。公众登录中国数字科技馆网站，首先映入眼帘的便是醒目的冠状病毒科普知识专题，负责这项工作的中国科学技术馆网络科普部副主任周明凯介绍道："中国数字科技馆新媒体矩阵在第一时间启动了应急科普机制，跟踪新型冠状病毒肺炎疫情最新动态，报道相关科学知识，引导公众不信谣不传谣，加强自我防护。"该部门还在最短时间内采编48篇权威科普作品，通过中国数字科技馆微博话题栏目"科学事务所""春运如何严防新型冠状病毒"，以及掌上科技馆微信、中国科学技术馆百家号新媒体矩阵，全方位宣传报道新型冠状病毒相关科普知识。短短几天，这些作品的阅读总量超过1200万，其中单篇最高阅读量超过285万。

中国科学技术馆还开发了馆内展品的在线AR浏览、全国100多家科技馆的在线虚拟漫游，以及229个移动VR科普资源，为公众提供24小时"不打烊"的网上观展服务。全国大中小学生推迟开学的消息发布后，又立即遴选中国数字科技馆"科普课堂""科技馆里的科学课"等数字化课程资源，第一时间发布《科技馆里的科学课：中国数字科技馆面向小学生的在线学堂开课啦！》，

全国科技馆
迅速开辟抗疫科普服务的网络阵地

引导学生们通过网络在家上科学课。

科普音视频同样是线上科普的"王牌",吸睛能力强。中国科学技术馆科普影视中心副主任郝倩倩说:"疫情的蔓延使公众变得紧张、焦虑,为了让大家了解真相、从容应对,我们第一时间采编、制作了《科学预防新型冠状病毒肺炎必备知识点》科普动画,发布权威解读,为抗击疫情做出了自己的贡献。"这部科普动画于2020年1月25日晚8点在贵州电视台2频道《百姓关注》栏目播放,有800余万人收看,收视率居全省第一。该动画现已在科普中国、中国数字科技馆、抖音、快手、微博、微信等平台推出;截至发稿前,抖音和快手短视频客户端播放量累计超过1720万,产生了良好传播效果。

中国数字科技馆《科学开开门》品牌栏目,专门为全国的小朋友录制了《什么是新型冠状病毒》《如何科学应对》等通俗音频节目。与此同时,中国科学技术馆还为全国科技馆提供疫情科普宣传素材,制作完成科普动画《抗击新型冠状病毒肺炎,我们在行动》,截至发稿前抖音和快手短视频客户端累计播放量2095万,并供科普中国、中国数字科技馆共享,发往全国各地科技馆传播使用。

我们获悉:辽宁省科技馆及时对值班人员进行新型冠状病毒防控知识培训;湖南省科学技术馆、福建省科技馆、甘肃科技馆、青海省科学技术馆等省级科技馆及时发布应急科普宣传信息;四川科技馆在官网首页设置新冠肺炎专题,及时辟谣并向公众宣传防控知识;天津科技馆着手组织新型冠状病毒肺炎疫情防控专题科普展览;南京科技馆、沈阳科学宫、临沂市科技馆、日照市科技馆等市级科技馆也积极开展应急科普宣传。身处重灾区的武汉科学技术馆,近日来多次发布《武汉为何实施进出人员管控?新型肺炎潜伏期传染吗?》《抗击疫情,别让这几大谣言混淆视听!》等科普宣传信息。

科技馆工作者不是奋战在抗击疫情的第一线,但始终在科普服务的网络阵地上保持着冲锋陷阵的姿态,守土尽责,期待春天。

(本文第一作者系中国科学技术馆科研管理部副主任)

博物馆直播
数字化的新方式

李 今

新冠肺炎疫情的暴发给博物馆领域带来了重大影响，为防止疫情扩散，全国各地的博物馆、科技馆纷纷闭馆。虽然实体馆关闭了，但是博物馆人化被动为主动，一刻未停地在网络上开辟了服务公众的新阵地。

据国家文物局初步统计，2020年全国博物馆春节期间共上线展览2000余项，涉及多个门类，以满足不同观众需求。全国300余家科技馆、60余家博物馆联合推出了面向青少年的线上"科学实验挑战赛"活动，以微信公众号推送的方式为观众创设空中课堂并举办趣味答题活动。

在众多网络活动中，具有较强沉浸感的"直播云逛馆"备受网民欢迎。例如，2020年2月21日，上海自然博物馆（上海科技馆分馆）与中国联通合作，由馆内的全国十佳讲解员带领，开展了一场实景拍摄、专业讲解、即时互动、多方联播的"线上游景区"活动（图1），并在后续的一个月内进行了"海陆空大聚会""生命的绽放"等5场专题讲解，累计观众超过30万人次，他们既可以通过央视网、沃视频等官方网站，又可以通过快手、斗鱼、虎牙等受众面更广、更接地气的自媒体平台观看。

2020年2月23日，甘肃省博物馆、苏州博物馆、中国蔬菜博物馆、中国国家博物馆、三星堆博物馆、敦煌研究院、良渚博物院、西安碑林博物馆等8家场馆也在淘宝APP上开展了直播活动。

12小时的9场直播，让网友们相聚"云上"，8家博物馆的讲解员在线上带领大家参观展厅，并从专业角度讲解展品背后的历史文化故事和展览策划

博物馆直播
数字化的新方式

图1 上海自然博物馆直播宣传海报（作者提供）

的设计思路。其中，中国国家博物馆精心设计直播参观路线，选择了经典的"古代中国"常设展和新开幕不久的"隻立千古——《红楼梦》文化展"，以满足新老观众的不同需求。甘肃省博物馆带领大家重走"丝绸之路"，国宝级文物铜奔马（又名"马踏飞燕"）真品也出现在了直播间。敦煌研究院更是走进壁画临摹现场，讲解画室中壁画临摹的步骤、如何修复壁画、图画中蕴含的故事，为大家呈现了一节内涵丰富的历史美工课。苏州博物馆则把该馆建筑与藏品结合，边走边逛，带领大家领略江南风韵；西安碑林博物馆因为晚上不便直播位于室外的碑林，故通过在直播间展示高清图片的方式，由讲解员娓娓道来碑中包含的文化历史。

虽然绝大多数博物馆都是第一次进行现场直播，但效果很好，每一场次都有10余万观众观看，如苏州博物馆这样的网红馆在线观看人数达到了25万；而随着夜幕降临和一整天的宣传发酵，西安碑林博物馆的直播更是创下了39.1万的直播记录。数据显示，直播当天有近1000万人涌入，几乎相当于接待了法国罗浮宫一年的客流量，平均每人发表了6条评论，这些直播因互动性好、故事性强，以及讲解员独特的人格魅力而受到网友欢迎。弹幕中不断有观众反馈"明天还要看重播""点进去就出不来了""下次来带着本本"等，朋友圈也好评如潮。

2020年3月1日和9日，因观众反响热烈，又有多家博物馆，如布达拉宫、南海博物馆、成都大熊猫繁育研究基地、青岛森林野生动物世界、上海海昌海洋公园、南京博物院、上海中国航海博物馆、中国航天博物馆等，也纷纷加入了淘宝APP的第二期和第三期直播，其中已有1300多年历史的布达拉宫更是史上首次试水。这两次直播除了展示精美的馆藏文物外，更有和动物的亲密"云接触"，如熊猫在线卖萌、野生动物"云领养"、企鹅与鲨鱼"连麦"等，深受观众欢迎。

由于网络直播效果显著，国家文物局也鼓励各博物馆"继续利用数字资源……不断丰富完善展示及内容，提供优质的数字文化产品和服务"。对于博物馆来说，直播不仅是疫情期间的应急活动，更是博物馆传播数字化，吸引更多观众，尤其是年轻人参观博物馆、了解博物馆的新尝试。

（作者系上海科技馆展示教育处助理馆员）

中国科学技术馆
新的疫病对决　不变的科普使命

王剑薇

春节本应是中国人最隆重、最热闹的传统佳节，人们无论身处何方，都会归心似箭，加入春运大潮，回到亲人身边团聚。然而，2020年的春节，和往常不太一样，一场来势汹汹的新冠肺炎疫情，改变了我们的生活，在和春运这场世界上最大规模人口流动的碰撞下，新型冠状病毒很快向全国蔓延。2020年1月30日晚，世界卫生组织（WHO）宣布，将此次新冠肺炎疫情列为国际公共卫生紧急事件（PHEIC）。

历史总是惊人的相似，2003年，一场突如其来的SARS席卷全国，给我们留下了沉痛的记忆；17年后，新型冠状病毒在神州肆虐，同样是发生在春运期间，每日不断增长的疫情数据牵动着无数颗心。

面对新冠肺炎疫情，虽然实体馆无奈地关上了门，但中国科技馆积极通过线上平台迅速推出了"新的对决——抗击新冠肺炎疫情网络专题展"，并于2月8日在中国数字科技馆等网站正式上线，使观众能够全天在线、足不出户、身临其境地参观防疫科普展览（图1）。

该网络专题展及时发出科学的声音和权威的信息，以"万众一心　共克时艰"为主题，以举国上下同心同德奋力抗疫为主线，从疫情现象到科学本质，再到精神内涵，共分为5个展区（图2），每个展区都以问题为导向的方式展开，引导公众深入思考。

可能是一次家庭聚会，也可能是一次再正常不过的手部触碰，甚至是一次

馆游天下
全球科技馆里那些事儿

图1 "新的对决——抗击新冠肺炎疫情网络专题展"展厅入口（作者提供）

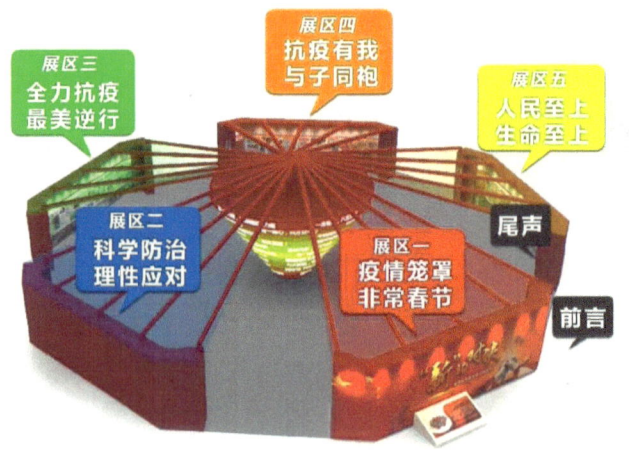

图2 "新的对决——抗击新冠肺炎疫情网络专题展"（作者提供）

中国科学技术馆
新的疫病对决　不变的科普使命

不经意的擦肩而过,都会给病毒以可乘之机。那么,这些病毒是从哪里来的呢?展区一"疫情笼罩　非常春节"(图3)就从春节应有的祥和喜庆的氛围与疫情逐渐笼罩的交汇入手,以"舌尖的'鲜'怎成社会的'险'?"开始,直指本次新冠肺炎疫情的起源痛点,呼吁公众面对血与泪的教训,绝不能再置若罔闻,必须将野味菜肴拿下我们的餐桌。用"疫情传播有多凶猛?"总结了新冠肺炎疫情迅猛发展的重要时间节点的重要事件,为后续展示内容做了铺垫。

相比于多年以前,我们现在拥有了更透明的公共卫生机制,也能更及时了解到专业的科学知识。展区二"科学防治　理性应对"就从如何科学防治、精准施策等方面向公众普及知识,进而消除恐慌心理。例如,问题"如何给'心'做防护?"结合新冠肺炎疫情的不断发展,从人们最初的不以为然,到逐渐重视,每天不断获取各种网络消息,给心理造成了不小的冲击,甚至谈虎色变的现象入手进行分析,使公众明白面对新冠肺炎疫情有一些紧张情绪是正常的,但没有必要惊慌失措,并告诉公众应如何克服恐惧并保持科学健康的心态。

躲避危险、保护自己是人的本能,然而面对疫情,医护人员却选择坚守一线,甚至逆行援驰,让我们热泪盈眶。展区三"全力抗疫　最美逆行"就是通过"如何诠释生命的名义?""怎能忘记英雄的模样?"等问题的引入,展现

图3　"疫情笼罩 非常春节"展区设计效果图(作者提供)

253

了一位位医护人员不计生死奋战一线的身影和感人事迹。

冲在抗击疫情前线的不仅有白衣战士,还有千千万万的劳动者。展区四"抗疫有我 与子同袍"用"这个春节武汉人怎么过?"等接地气的发问,展示社会各界齐心协力形成抗击疫情的强大合力,让武汉这座城市有序运转,让整个社会的免疫系统不断增强。

武汉并不是孤军奋战,党中央坚持"全国一盘棋"的策略,为这场全国"战疫"指明了方向。展区五"人民至上 生命至上"从"这场仗,中央决定怎么打?"开始,展现了党中央、国务院迅速做出的一系列重大决策部署,以及各级党委和政府及有关部门采取的切实有效的措施。最后,以"军人"集合答"到"迎战的方式诠释了到底"是什么给了我们必胜的信念?",对整个展览进行了总结与升华。

该展览呈现出了一场有知识更有精神、有部署更有落实、有感动更有力量的生死对决,是对新冠肺炎疫情全局的了解和掌握,也是中国科学技术馆在面对凶猛的疫情时,做好网络展览的拳拳初心。

目前上线的是该展览的首版,后续中国科学技术馆还会根据疫情发展情况,不断深化完善展示内容,及时更新相关信息数据,并策划设计科技馆特有的互动体验实体展品,为公众持续提供科学、全面、权威、及时的优质科普展览,携手同行,共克时艰!

(作者系中国科学技术馆展览设计中心讲师)

参观提示

该馆地址:中国北京市朝阳区北辰东路5号
该馆电话:0086-10-59041010
该馆网址:https://cstm.org.cn/

流动科普设施
基层应急防疫科普轻骑兵

龙金晶　陈　健

"多消毒来勤洗手，杀死病毒没后患。出门就把口罩戴，切莫随意乱吐痰。发热症状及早看，自行隔离不传染。坚决打赢防疫战，科学防控渡难关！渡难关！"

连日来，这个"魔性"的防疫科普顺口溜响彻在四川省旺苍县的大街小巷，一辆白色的科普大篷车一路"跑"，一路"吼"，发出了防疫科普的最强音。

新冠肺炎疫情在全国暴发后，这种看似简单粗放的流动科普形式正在科普资源匮乏的基层县市、乡镇、村庄的防疫工作中发挥着重要作用。科普大篷车机动灵活、一人即可独当一面的特点，使其成为非常时期为群众普及防疫知识、构筑抗疫防线的重要工具。

宁夏回族自治区科学技术协会每天安排29辆科普大篷车行驶8000多千米，深入乡村街道，通过广播的方式进行疫情防控科普宣传，每辆车日均宣传时长6小时，覆盖人群约10万人次。甘肃省永靖县、康乐县、广河县科学技术协会在科普大篷车上悬挂宣传横幅（图1），在县城小区和集镇巡回播放新冠肺炎疫情防控科普知识、应急指挥部公告的音视频，让基层群众了解最新信息。四川省旺苍县科协利用车载音响设备走街串巷巡回宣传20场次，发放《新型冠状病毒肺炎健康科普》资料8000余份。

"科普大篷车是流动的轻骑兵。哪里需要，就到哪里去。""疫情就是冲锋号，科普大篷车冒着危险宣传，做好防控工作，响应党和国家的号召，值！"各地的科普大篷车项目负责人都如是说。

馆游天下
全球科技馆里那些事儿

图1 正在基层宣传的科普大篷车（作者提供）

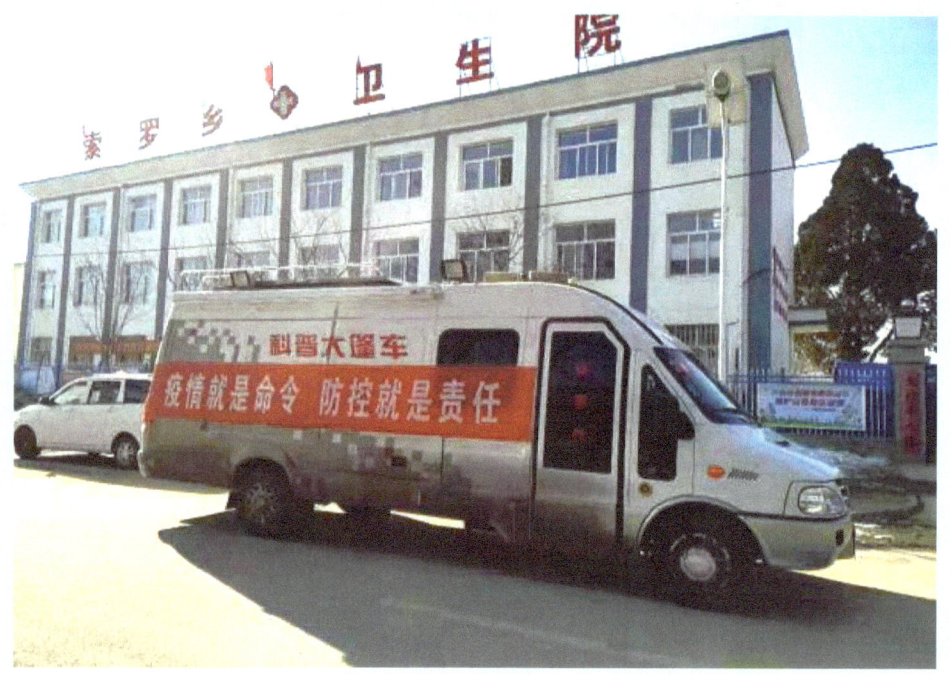

  风雨无阻基层行，科普抗疫暖人心。科普大篷车只是全国流动科普工作的一个缩影。作为全国流动科普行动的主力，流动科技馆的全国巡展团队也在积极行动应对疫情。

  从城市到乡村，9年来流动科技馆的足迹遍及祖国大江南北，覆盖中西部22省1888个县，服务县（市、区）基层公众1.32亿人次。流动科技馆展览集成了60余件各地科技馆最经典、最好玩的科普展品，曾在无数山村孩子的心里种下了科学的种子。这一次，疫情的蔓延阻止了流动科技馆巡展的脚步，可它却阻挡不了流动科技馆服务基层公众的行动。

  2020年2月10日，流动科技馆首次全国线上联合行动——"疫情当前，让我们换种方式流动"上线（图2）。大量精彩的展览内容以数字化方式在网上呈现。"这些穿着统一服装的袖珍展品真是太可爱了！""模仿讲解、挑

流动科普设施
基层应急防疫科普轻骑兵

疫情当前,让我们换种方式流动 ——
全国流动科技馆在行动

掌上科技馆　前天

图2　"疫情当前,让我们换种方式流动"线上活动首页(作者提供)

战辅导员、创意讲展品,第一次体验,太酷了!""一次就能了解到科技馆的展品精华,真棒!"观众们纷纷在视频留言里感慨。

在线上观看了科技馆专业辅导员的展品讲解视频后,观众们也跃跃欲试、脑洞大开,各种创意层出不穷,纷纷自编、自导、自演科普讲解视频。山西省盂县一位5年级的小学生自制科普道具,在硬纸板两面分别画上鸟笼和小鸟,通过快速转动形成了飞鸟入笼的效果,让人拍手叫好。一位山东省潍坊市曲艺社团的演员自编自创了略显搞怪的防疫讲解词,并用打快板的形式演绎,让人忍俊不禁。吉林省集安县的一位小朋友手工制作的科普展品模型,让人佩服不已。

这些科普形式让人耳目一新,给科普工作者带来惊喜,更给新冠肺炎疫情期间的基层公众带来了欢乐。吉林省科技馆、山西省科技馆、河北省科技馆、云南省科技馆等科普场馆分别在各自微信公众号上发布了活动信息,并在当地科协、教育部门的支持下联合开展活动,活动参与范围扩展到了全国80多个基层单位和学校。

流动科普,无论是奔波于田间地头的科普大篷车,还是创意无限的流动科技馆,无论是在线下,还是线上开展活动,作为应急科普的有效载体,它们深入基层一线的科普效能正日益突显,并在为全国的抗疫行动中发挥着越来越重要的作用。

(本文第一作者系中国科学技术馆资源管理部副主任,第二作者系时任中国科学技术馆资源管理部副主任,现任中国自然科学博物馆学会办公室副主任)

北京自然博物馆
"线上科普"传递抗疫力量

张一涵　吴亦凡

2020年的春节,新型冠状病毒感染的肺炎疫情打破了中华大地往昔的宁静,牵动着十几亿同胞的心。面对这场突如其来的疫情,北京自然博物馆积极抗疫,于1月24日(大年三十)紧急采取了暂时闭馆的措施,并通过微信公众号、新浪微博官方平台,以线上科普的方式,开展特色主题活动,用科学传播力量。

北京自然博物馆推出为期6天的"自然馆春节线上课堂"(图1),主要涉及"春联解读与动物分类学""鼠科动物知识""古哺乳动物知识""现生植物与地质矿物""昆虫知识与绘画""英文歌曲与欣赏"等内容。前两期,以原创春联"运似门齿长长长长长长长,福如子孙长长长长

自然馆春节线上课堂的最后一课
4734　19　6

原创　自然馆春节线上第五课来啦!
6838　36　13　0

转载　自然馆春节线上第四课来啦!
5721　18　9

原创　自然馆春节线上第三课来啦!
7839　38　19　0

自然馆春节线上第二课来啦!
6849　27　15

北京自然博物馆给大家拜年啦!
3284　17　12

图1　北京自然博物馆的"自然馆春节线上课堂"(作者提供)

图2 北京自然博物馆制作的科普漫画（作者提供）

长长长"为引，在给观众拜年的同时，将鼠科动物最重要的体态特征和繁殖特性以中国传统文化的形式呈现出来，并对此进行了科学解读。而"似鼠非鼠"则通过展厅实景照片、标本化石图片、研究释义图、随堂测试课程学习单的方式，介绍展厅重要的古哺乳动物标本和科研成果。最后一期，借助于影片《音乐之声》中的经典歌曲《哆来咪》的旋律鼓励公众，以乐观积极的态度面对生活。

"自然馆春节线上课堂"结束后，北京自然博物馆信息中心迅速绘制了一幅新冠肺炎科普漫画作品（图2），并于2月1日向公众推送。为满足幼儿读者的需求，北京自然博物馆的讲解员还录制了音频，向小朋友们讲述漫画内容，告诉他们新型冠状病毒的由来，指导他们进行个人防护，还引导他们正确认识人类与野生动物之间的关系、认识野生动物保护的重要性与方法。此漫画一经推出，便受到孩子和家长们的青睐，纷纷留言表达对其的喜爱与赞赏。他们说这是"黑暗中的一缕阳光，莫名感动""要让孩子科学认识，避免恐慌，还要懂得感恩，从小培养家国情怀""越是危急关头，父母越应该控制自己的情绪，保护孩子不受危机影响，同时还可以让孩子学会如何应对危机"。

北京自然博物馆
"线上科普"传递抗疫力量

此后,北京自然博物馆微信公众号和微博平台依然坚持每日推送各类高品质科普信息。这些文章或为本馆科研科普人员原创,或是科研科普领域专业人士从自然科学的角度,以浅显易懂的语言转译专业术语,辅以创新的表现形式,更加直观地介绍与新型冠状病毒及疫情相关的知识与信息,帮助公众理解这些科学知识。推出的《"超级病毒"为何总是源于蝙蝠?》《疫情之下有猫家庭如何消毒?》《古生物也会得传染病吗?》《假如病毒感染了你》《吃海鲜会感染新型冠状病毒吗?》等文章受到公众的一致好评。其中,《疫情之下有猫家庭如何消毒?》一文结合当下疫情对宠物的影响,针对养宠家庭,通过大量手绘插图,从科学的角度,用诙谐幽默、通俗易懂的语言,生动形象地讲述了消毒剂对宠物的危害,以及如何正确消毒等内容。由于文章视角独特、形式新颖、语言生动,一经推送便引起了《北京日报》的注意,在对作者采访和改写后,2月11日将其登载在《北京日报》客户端。

当然,除与新冠肺炎疫情相关的科学知识外,北京自然博物馆对其他科学主题的知识内容也进行设计编排:根据各个学科、馆内主题展厅,推出了"自然博物知多少"的线上答题活动;介绍各展厅的在线全景参观方式,送上科学研究部的专家为孩子们制作的《动画里的昆虫》直播课(图3),以及科普教

图3 《动画里的昆虫》直播课(作者提供)

师录制的手工制作课程等精彩线上学习活动。

在这个抗击新冠肺炎疫情的非常时期,北京自然博物馆通过开展线上课程活动来满足公众们的学习需求;通过多样的表现手段和轻松活泼的呈现形式,满足公众们的心理和精神需求,在传播科学科普知识的同时,传递正向积极的能量。让我们静候花开,携手共渡难关!

(本文第一作者系北京自然博物馆信息中心宣传专员,
第二作者系北京自然博物馆信息中心网络编辑)

参观提示

该馆地址:中国北京市东城区天桥南大街126号
该馆电话:0086-10-67024431
该馆网址:http://www.bmnh.org.cn/

欧 洲

EUROPE

爱尔兰都柏林科学美术馆
艺术呈现传染病

谌璐琳

2008年,在爱尔兰都柏林皮尔斯街都柏林圣三一大学的一个角落里,悄然诞生了一家前卫的科学中心——都柏林科学美术馆(Science Gallery Dublin)。都柏林科学美术馆与大多数科学中心都不一样,它只举办临时展览,并且所有的展览都是免费的。它试图通过呈现艺术与科学的碰撞,激发年轻人的创造力和发现力。

自开放以来,都柏林科学美术馆举办了43个独具特色的展览,有超过300万观众访问。展览主题从暴力、爱,到传染病、仿生学、人类未来,不一而足。有趣的是,2009年4月15日,美国国家疾病控制与预防中心(CDC)宣布发现一种新型甲型流感病毒H1N1,随即这种病毒以猪流感之名迅速发展成世界性传染病。而几乎同时,一场名为"传染病:离远点儿"(Infectious:Stay Away)的展览在都柏林科学美术馆拉开帷幕。面对这一巧合,策展人卢克·奥尼尔认为"这简直是一次惊人的市场营销。我们借此展览提醒公众这次猪流感传染事件;同时,猪流感吸引了更多人参与展览,了解传染病的真实面貌"。

这场展览由都柏林圣三一大学生物化学和免疫学学院的卢克·奥尼尔教授、克里奥娜·奥法雷利教授、迈克尔·约翰·戈尔教授共同策划,旨在通过科学手段和艺术形式探索传染病的感染机制和遏制策略。

参观开始前,观众会拿到一份类似药品说明书的参观指南。随后,每位观

爱尔兰都柏林科学美术馆
艺术呈现传染病

众会得到一枚 RFID 电子标签，通过这枚标签，观众在展厅内的行踪，以及病毒是怎样通过人和物品相互传播，在 LED 显示屏上一览无余，观众可能随时看到自己已经成为"现场流行病模拟"的受害者，必须立即前往"消毒站"。在免疫实验室，观众可以提供 DNA 样本，看看自己拥有哪些天然免疫力、是否易患结核病和疟疾等疾病，也可以将个人数据贡献给都柏林圣三一大学的科学家正在开展的免疫学研究。在一个名为"亲吻"的集体艺术项目中，观众可以亲吻琼脂板，完成细菌培养后的琼脂板会被陈列在墙上，展示人们的口腔和鼻子中的细菌。而在"传染病星球"展项中，来自美国、比利时和意大利的研究人员设计了基于航空运输枢纽的数学模型,绘制了流感病毒在全球的传播图。从他们的模型中可以得出一个稍微令人费解的结论，那就是在澳大利亚，传染病往往会很快出现。另外，遏制传染病的措施往往会面临文化、经济、政治和伦理问题。

　　如果观众更倾向于观看而非参与，馆内还有很多非互动性展项。一个名为"部落"的沉浸式影像装置，通过呈现肠道沙门氏菌感染和大规模历史战争的相似之处，以爱尔兰史诗般的风格探索人类免疫系统复杂的工作机制。另一个令人印象深刻的"污名"展项，通过一组取自医学教科书、童话故事等历史文献中被感染身体部位的插图，给人以触目惊心的直观感受，同时也展示了人类对疾病和感染的看法是如何改变的。值得注意的是，尽管人们都觉得细菌并不是那么可爱，但"污名"展项实际上告诉观众，视觉表征是如何传递知识、扩大人们内心的恐惧和对疾病的厌恶，展项似乎在质疑人们面对传染病时是否太过于危言耸听了。

　　展览开放的几个月内，人们对猪流感的担心和"大流行"等字眼的滥用不断升级，展览也许并不能消弭人们对传染病的担忧，但也不失为一场及时的科普。最终有超过 4.5 万人参与了这场展览。2009 年 5 月 23 日，《科学》杂志发表了一篇由约翰·博汉农撰写的关于这次展览的文章，文章称"即使在一场大流行病中也能看到一线光明。大量观众涌入爱尔兰流行病展览，提供了取之不尽的疾病传播数据"。

　　回到当下，最近很多人的生活，甚至命运被一种叫作病毒的小东西彻底改

变。在病毒性传染病面前，人类从无力反抗，到不断攻克难关，可以说人类和病毒的关系是一场永不停歇的"战斗"。一场"传染病"展览，也许能让人类逐渐认清这个对手，常备不懈，枕戈待旦。

（作者系中国科学技术馆科研管理部助理研究员）

参观提示
该馆地址：Pearse Street Dublin D02 CP49 CO DUBLIN
该馆电话：00353-1-8964091
该馆网址：https://dublin.sciencegallery.com/

德国卫生博物馆
社会语境下的科学

郗凯宁

位于德国东部萨克森自由州首府德累斯顿的德国卫生博物馆（Deutsches Hygiene-Museum）是一座拥有超过百年历史的著名医学主题博物馆，该馆拥有约45 000件藏品，记录了从20世纪初至今当地公众对身体与健康的认知与行为变化，它们构成了一部"德国人的卫生健康观念史"。纵览该馆的发展历程及各个时期的展览，会发现其在普及卫生健康知识的同时，映射出了当时德国科技与社会的关系。

德国卫生博物馆的建立可以追溯到1911年举办的第一届国际卫生展览会。当时，霍乱、伤寒、肺结核、梅毒等传染病接连在德国肆虐，许多民间组织和卫生机构提出倡议，希望以展览的形式向民众提供实用的人体解剖学、个人卫生、医疗保健等相关知识。德累斯顿的工业家和卫生产品制造商卡尔·奥古斯特·林纳（Karl August Lingner）就是主要倡导者及展览会的发起人之一。在展览取得巨大成功后，奥古斯特·林纳又产生了将其变为永久性公共卫生教育场所的想法，德国卫生博物馆便于1912年正式诞生。

从发展历程来看，该馆始终坚持传播最新的科学进展，但又被德国政权更迭及社会变迁所影响。它始建于德意志第二帝国时期，于魏玛共和国时期正式建成，对当时卫生系统的民主化进程做出了重大贡献。然而自1933年起，它就服务于种族主义意识形态，按照"保持德意志民族的身体不受外来元素污染"的要求，策划了专题展览——"人民与种族"。纳粹政府上台后，

这里除了普及健康和疾病知识外，开始传播"人体崇拜"思想，旨在寻找完美的人体，迎合纳粹的意识形态。第二次世界大战爆发后，该馆在1945年2月的轰炸袭击中受到重创，其建筑北翼几乎被完全摧毁，于是部分展品被转移到了一辆公共汽车上进行巡回展览。之后在德意志民主共和国（东德）时期，它开始执行"预防医疗"政策，宣扬通过运动保健、工间体操、疫苗接种等基于预防原则的卫生健康措施便可到达"没有疾病的未来"。1990年两德统一后，德国卫生博物馆被赋予了全新的使命，即作为人类博物馆，以人为中心，将日常生活、科学研究和文化艺术结合起来，探讨关于文化、科学和社会的最新话题。

以人为中心的定位一直延续至今，这从各个展区的名字中便可看出。中心区域包括常设展厅"人类历险记"、儿童展厅"感官世界"、临时展厅。常设展厅又分为7个主题展区，分别为"透明人：人在现代科学中的形象""生与死：从第一个细胞到人类的死亡""吃喝玩乐：营养作为身体机能和文化表现""性行为：生殖医学时代的爱情、性与生活方式""记忆—思维—学习：大脑中的宇宙""运动：协调的艺术""美容、皮肤和头发：身体与环境之间的开放边界"。这些主题展区通过图片、文字、声音、光电、模型、实验操作和数字化技术等手段，帮助观众认识人的基本构造，以及由生理、心理、情感等带来的食物、药品、医疗仪器、生态环境等社会性需求，引导观众在熟悉的日常生活体验中认识自己的身体，反思科学与社会的关系。

新冠肺炎疫情暴发时，德国实行了"禁足令"，该馆也被迫闭馆。不过，收集与研究工作却并未停止，他们通过官方网站开展了以日常生活中的新型冠状病毒为主题的收集活动，邀请观众们通过电子邮件或信件分享自己日常生活中与新型冠状病毒流行有关的物品和故事，特别是用于个人卫生防护的日常物品及其背后的故事，如口罩、膳食、药物，或者是理发工具、家用运动器材等。该馆希望以这些物品和故事来分析此次大流行对普通民众日常生活的影响，尤其是个人对自己身体的认知变化、居家办公和有限的休闲机会导致的社会压力等。

德国卫生博物馆
社会语境下的科学

  德国卫生博物馆聚焦新冠肺炎疫情带来的科学与社会交融性议题，是其理念延续的现实呈现，而科学类博物馆在传播科学知识的同时，思考其与政治和社会环境的关系，更是提升展览社会意义的重要经验。

（作者系中国科学技术馆科研管理部职员）

参观提示

该馆地址：Lingnerplatz 1，01069，Dresden，Saxony，Germany
该馆电话：0049-351-48460
该馆网址：https://www.dhmd.de

阿姆斯特丹微生物博物馆
窥见"微自然"

贾 硕

世界上最早出现的生命就是微生物，其数量约占世界物种总数的2/3。然而直到1673年，荷兰科学家列文虎克使用自己设计的简易显微镜才首次真正观察并描述了它们。这些尺寸仅为几纳米到几百微米的小东西，在人类日常生活中发挥着至关重要的作用，且往往与疾病有关。

2014年9月30日，荷兰阿姆斯特丹耗资1000万欧元建设的微生物博物馆（Micropia）开馆。它是世界上第一家，可能也是目前为止唯一一家专注于展示微生物世界的互动式博物馆。其馆名是将微生物"microbe"的前半部分，与乌托邦"utopia"的后半部分合在一起创造的新词，自开馆以来它已经获得包括欧洲年度博物馆奖（EMYA）在内的众多行业大奖。

Micropia可不是一个只有瓶瓶罐罐的标本馆，它巧妙利用互动式多媒体，带领观众一起探索微生物的大世界，一起窥探关于细菌、病毒、藻类、寄生虫等众多生活在隐秘世界中的生物们的情报。

该馆陈列的细菌培养皿，色彩鲜艳令人印象深刻。其中，很多取自日常家用物品，看过之后观众再也无法用以前的眼光看待酒店的电视、遥控器等公共用品了。馆内还有一个真实运行的实验室，透过玻璃窗，观众能看到身着防护服的技术人员正在准备和管理展品，还有一块大屏幕连接着显微镜，向大家实时直播培养皿和试管中的各种微生物。若想亲自体验一下当研究人员的感觉，观众还可以在专为该馆设计和制造的3D显微镜下观看这些小东西们的活动与繁殖。

每个成年人体内会携带约1.5千克的微生物，并且其中很多都对健康有益。

阿姆斯特丹微生物博物馆
窥见"微自然"

该馆的标志性互动展览品之一：人体扫描仪，向观众展示了人体内都生存着哪些微生物。当观众走进电梯抬头看向相机，就会有一段动画放大显示某人眼睫毛上的小螨虫，然后相机会继续将螨虫上的细菌放大，最后再将细菌上的病毒放大，为人们展示一个神奇的微观世界。

Micropia的展品总是尽量从生活的角度向观众展示微生物的方方面面，大胆的参观者就可以尝试一下接吻扫描器。情侣们可以站在展品前深情接吻，而此时屏幕上就会显示出在短短10秒的亲密接吻期间，情侣间平均就交换了8000万个细菌。说明牌上甚至还不无调侃地写道："参与接吻的可不止你俩哟，谁知道还会有谁呢。"接吻情侣舌头上的口腔菌群样本远比随机选择的人的样本更为相似，人们彼此亲吻的次数越多，唾液中的细菌就越相似。但还有其他重要因素会影响伴侣间舌头上微生物的相似性，如是否共享相同的饮食或使用相同的牙膏。

通过综合运用展板、视频、声音、游戏、模型等媒体对展品进行全面展示，真实标本与虚拟微生物一同为观众展现了一个令人着迷的微生物世界。在这里，观众不仅能获知人类口腔中生活着700种微生物，在脚后跟生活着80种真菌，还会认识到它们对于人类生存的必要性，如生物燃料的生产、新型抗生素的研发、发电、癌症的治疗等都少不了微生物的参与。它们无处不在，并将在人类和地球的未来中发挥极其重要的作用。更值得一提的是，参观之旅将彻底改变观众看待世界的方式，知晓自然界中所有事物是如何相互联系的，从而形成对微生物的积极看法。

此外，Micropia正致力于通过最直观真切的参观体验将自身打造成为微生物学交流的国际平台，并将不同利益群体聚集在一起，弥合科学与公众之间的鸿沟，促进人类对"微自然"进行更多的研究。

（作者系中国科学技术馆影院管理部工程师）

参观提示

该馆地址：Micropia，Plantage Kerklaan 38-40，1018 CZ Amsterdam，Netherlands
该馆电话：0031-20-5233671
该馆网址：https://www.micropia.nl/

英国伦敦科学博物馆
联合策展直击公众健康关切

莫小丹　王　茜

高度传染性病毒会导致严重的疾病、痛苦和死亡，造成全球卫生危机，而其化解则需要各国政府、科研机构、企业和公众的广泛参与，精诚合作。为积极响应联合国可持续发展目标中提出的"到2030年，消除艾滋病、结核病、疟疾和被忽视的热带疾病等流行病"的全球倡议，各国科学中心和科技博物馆积极策划揭示微生物神秘世界和微生物学研究进展的展览，使公众关注微生物在人类健康和疾病中的作用，了解传染病预防、诊断和治疗研究工作的进展。

如何以展览、教育、培训等多种方式，引起更多公众对疫病防控的重视与参与，从而共同解决人类所面临的公共卫生问题？伦敦科学博物馆（图1）自主策划的专题展览"超级细菌：为我们的生命而战"交出了一份出色的答卷。

该专题展览以抗生素滥用为主题，通过微观世界、人类社会、全球视野3个部分，向公众生动形象地展示了"超级细菌"的发现和演变过程，以及对人类的威胁，提升公众对抗生素抗药性的认识和理解，呼吁社会公众在自身层面上采取行动，抗击超级细菌。该专题展览策展者将展览目标、内容与公众需求相结合，注重与实际生活的联系，直击公众对"可怕又致命的超级细菌"这一热议话题的关切点，并以一种科学、可信的方式给出最佳解决方案。该专题展览于2017年11月26日至2019年3月中旬在伦敦科学博物馆一层"明日世界"展厅展出，如潮好评。

伦敦科学博物馆还将该展览打包为巡回展览，并一改传统的"一站式"服务方式，开创了为当地观众量身定做展览的国际合作全新模式。之前传统的巡

英国伦敦科学博物馆
联合策展直击公众健康关切

回展览,出租方需提供完整的展览,要预先设想承接场馆的能力,提前对展览进行个性化设计,以适应巡回展出过程中各场馆的需求,这往往导致巡展收费昂贵,且消耗大量资源,从而让很多场馆望而兴叹。此外,巡回展览最初的内容和形式可能并不完全符合当地承接场馆的需求和预期,他们会希望改变主题表达方式、展品布局、添加或删去部分内容,或者从整体上调整展览。

伦敦科学博物馆以全新的理念,将展览资源数字化,通过网络与承接场馆共享,从而达到效率

图1　博物馆建外观(摄影:岳丽媛)

更高、成本更节约的目的;还便于承接场馆吸收创新,进行展览本土化改造。例如,该馆与广东科学中心合作,以中国本土的策展人、研究机构、大学和医院提供的内容为蓝本,通过增加一些本土展品、重新编写展览中涉及的案例、设计展览说明牌、制定个性化教育活动方案、整合当地的教育资源、举办研讨会等,使展览内容更加丰富,展示形式更加生动,更符合中国公众的需求和参观习惯。

策展团队还特地选取了6位不同领域的普通中国人(包括患者、医生、设计师、护士、农户、环境学家),以他们的视角来讲述故事,带领公众深入了

解社会各个领域如何联合行动应对抗生素耐药性的全球性威胁。这一中英联合打造的展览已于2019年7月4日至10月31日在广东科学中心首展,2019年12月1日至2020年2月29日在重庆科技馆展出,并陆续在武汉、杭州等城市巡回展出。

据悉,"超级细菌:为我们的生命而战"展览还同时在俄罗斯、阿根廷、印度等国巡展。伦敦科学博物馆与承接场馆联合策展的方式,促进了展品、专业技能和其他资源的分享,将国际与本土视角相结合,实现了科学传播的本土化;同时向公众传达了这样的信念:在传染性疾病面前,人类就是命运共同体,必须众志成城,共同应对。

（第一作者系中国科学技术馆科研管理部助理研究员,
第二作者系中国科学技术馆展览教育中心科技辅导员）

参观提示

该馆地址:Exhibition Road,South Kensington,London,SW7 2DD
该馆电话:0044-33-00580058.
该馆网址:https://www.sciencemuseum.org.uk/

英国弗罗伦斯·南丁格尔博物馆

当纪念遇上疫情

刘伟霞

弗罗伦斯·南丁格尔博物馆（图1）建于1989年，前身为英国伦敦的南丁格尔护士培训学校。该馆是一处约200平方米的平房建筑，虽规模不大，但收集了大量与护理先驱弗罗伦斯·南丁格尔的工作和生活有关的物品，全方位展示了她一生的成就和留给人们的精神财富。

南丁格尔出生于1820年5月12日，2020年是她诞辰200周年，该馆原本计划在馆内外开展一系列活动，隆重纪念这位伟大女性，但由于新型冠状病毒肺

图1 弗罗伦斯·南丁格尔博物馆入口处（徐定懿拍摄）

炎疫情原因，该馆不得不于3月17日闭馆。不过纪念计划并没有被中断，工作人员克服困难，结合疫情话题，改变活动方式，将活动办得有声有色。

在闭馆前，该馆举办了名为"南丁格尔诞辰200周年纪念展：物、人与地"的展览，以丰富的馆藏展示了这位伟大护士的一生。闭馆后，展览转至线上，继续为公众服务。

线上展览分为"追寻南丁格尔的足迹""女性""领导者""统计学和循证卫生保健""开拓者和逆行者""护士和助产士""流行文化偶像"7个部分，以影片、照片、画作等形式展示南丁格尔在统计学、医疗改革、社会活动等多领域取得的非凡成就。这7个部分以一张Coxcomb图表呈现，观众点击图表上的相应部分，则可浏览该部分所有展品。Coxcomb图表是南丁格尔发明的，以此图表展示展览单元，意在提示人们她不仅是第一个真正意义上的护士，还有很多成就等待大家去了解。

线上展览一共有近200件展品，展现与南丁格尔相关的"物""人""地"，每件展品背后都有一个小小知识点或故事。例如，大家知道她被称为"提灯女神"，那她提的灯是什么样子的？在"女性"这部分，观众就会了解到这是一盏19世纪土耳其式的灯，而不是很多人原本想象的油灯或其他样式的灯。又如，在"统计学和循证卫生保健"部分，让大家知道南丁格尔在发明Coxcomb图表的过程中，受到了医学统计学奠基人之一的威廉·法尔的帮助。在"护士和助产士"部分，让人们知道1860年在圣托马斯医院创立的南丁格尔护士培训学校，是第一个提供专业护士培训的非宗教机构。

除了推出信息量极大的线上展览外，该馆还积极为孩子们居家学习提供服务，让孩子们了解南丁格尔。他们为处于KS1阶段和KS2阶段的孩子们（KS1阶段为英国小学1～2年级，KS2阶段为英国小学3～6年级）提供一个名为"遇见南丁格尔女士"的互动视频。通过观看时长24分钟的视频，孩子们会充分了解这位护士的生活，包括她是如何在家接受教育和如何洗手的。新冠肺炎疫情期间，孩子们在家也被不停告知洗手的重要性，视频将南丁格尔的故事和他们自身经历紧密相连，可以让其更加理解这个历史人物。

该馆还为KS2阶段的孩子们提供可以免费下载的资源包，其中包括11项

英国弗罗伦斯·南丁格尔博物馆
当纪念遇上疫情

活动内容。通过参与这些活动,孩子们既能锻炼自身能力,又能深刻理解南丁格尔的工作。例如,他们需要帮助南丁格尔设计海报来招募去战地医院工作的护士,一方面能锻炼孩子们的设计能力,另一方面也能让他们理解护理的重要性。又如需要孩子们以战场上护士的角度给家人写信,告知战场上的情况,在该活动过程中他们不仅锻炼了写作能力,还能深切体会到护士工作的不易。

弗罗伦斯·南丁格尔博物馆在疫情期间的纪念活动,不仅让世人,尤其是孩子们,全面了解南丁格尔一生的成就,也让大家被她甘于奉献、不为艰险的精神所感动,而这种精神的传递至关重要。2020年,既是南丁格尔200周年诞辰,又遭遇新冠肺炎在全球蔓延,在抗击新冠肺炎疫情中医护人员在危难时刻逆行而上,守护人们的健康,他们都是南丁格尔的现代化身。

(作者系中国科学技术馆展览教育中心讲师)

参观提示
该馆地址:St Thomas' Hospital, 2 Lambeth Palace Road, London, SE1 7EW
该馆电话:0044-20-71884400
该馆网址:https://www.florence-nightingale.co.uk/

英国亚姆博物馆
见证抗争瘟疫的历史

郗凯宁　陈欣冉

14—17世纪，黑死病在欧洲间歇性暴发，导致了欧洲大量人口死亡。对黑死病的记载最早可追溯到6世纪的拜占庭帝国，它一般指感染鼠疫杆菌而引发的腺鼠疫及其变种肺鼠疫和败血型鼠疫。它的传染源主要是鼠类和其他啮齿类动物，"啮齿动物—吸血蚤类—人"是其主要传播方式。一些历史学家认为联结欧洲和东方的商路使它可以在世界大范围传播。

1664—1666年在英国发生的伦敦大瘟疫（The Great Plague of London）夺走了无数生命。位于伦敦北部，作为南北交通补给点的亚姆村（Eyam village）也没能避开这场黑死病。据记载，1665年村中一位裁缝收到一批来自伦敦地区的布料，不久后裁缝及其助手染病而亡。人们后来推测是布料沾染了带有病菌的跳蚤。当村民们意识到这是瘟疫来袭，纷纷决定向北方逃走躲避。为了阻止瘟疫向更多地区扩散，亚姆村的牧师威廉·莫泊桑劝说村民们留在家中自我隔离。最终这场瘟疫持续了约14个月，让这个仅有300多人口的小村庄失去了260条宝贵的生命。原本平静的亚姆村变成了"瘟疫之村"，但又因为村民们主动筑起"人体长城"进行自我隔离，阻挡了瘟疫向北部扩散而成了"英雄之村"。1994年，亚姆村设立亚姆博物馆（Eyam Museum）以纪念这段历史和那些做出巨大牺牲的村民。

亚姆博物馆的瘟疫展览主要包括了两部分：一部分是有关本地历史和瘟疫的科普知识；另一部分则集中讲述了亚姆村与瘟疫抗争的故事。在展览形式上，主要借助于一系列展板，以文字和图像相结合的方式传递信息，并通过场景再现还原当时患者感染瘟疫的痛苦情景。馆内还展出了大量私人藏品，包括许多

英国亚姆博物馆
见证抗争瘟疫的历史

文件、照片和明信片，记录了瘟疫年代的故事，不仅涉及瘟疫对亚姆村的影响，还涉及鼠疫和其他疾病在全世界的传播情况。

亚姆博物馆展览的一个重要特点是以普通人的视角讲述历史。从私人藏品的陈列展示到可以亲耳聆听的亚姆村口述史，都包含着一段段不为人知的故事。以私人藏品为主的展览品也与普通意义上的展品不同，其目的不是单纯的展示物品和功能，而是讲述物品背后的故事。同时，展览借助于档案研究和科学研究聚焦村庄的历史故事，以悲剧性的故事激发观众对瘟疫受害者和幸存者的同情，展现亚姆村村民们崇高的牺牲精神。

亚姆博物馆的另一个重要特点是将具有真实性、完整性和原生性的历史文化遗产与实体博物馆有机整合。村中的教堂、公墓、界石和水井等建筑及设施都是从瘟疫时期留存至今，走进亚姆村就相当于走进了一个大型实景博物馆。村子北边早已倒塌的围墙、每个死于黑死病的村民的坟墓及每块墓碑上斑驳的文字、第一位感染者的"瘟疫小屋"、村中央空地上的纪念碑等，都是亚姆村历史的见证者与传播者。它们与亚姆博物馆共同组成了特定社区中的"生态博物馆"，完整生动地记录了这段人类与瘟疫的抗争史，传递了善良与自我牺牲的精神力量。

除了极具特色的展览，教育活动也是亚姆博物馆关注的重点。该馆的资料显示，这里每年约有数千名师生前来参观，他们从丰富的历史资料和令人动容的故事中了解有关瘟疫的知识。馆内还设有小型放映室，播放与亚姆博物馆和亚姆村有关的短片，每场可容纳约 30 名观众。这些短片虽以 11 岁以下儿童为主要目标观众，但受到所有年龄段观众的喜爱。同时，该馆也会为师生团体的参访定制导览，并提供有关瘟疫和村庄历史的教学资料。

如今世界各地来亚姆博物馆参观的人络绎不绝，人们在亚姆村对抗瘟疫的感人故事中看到了惨痛的历史，也看到了普通人身上闪耀的人性光辉。

（本文第一和第二作者均系中国科学技术馆科研管理部职员）

参观提示

该馆地址：Eyam Museum, Hawkhill Road, Eyam, Derbyshire. S32 5QP
该馆电话：0044-1-433631371
该馆网址：https://www.eyam-museum.org.uk/

北美洲

美国史密森国家自然博物馆
互联世界中的流行病

李大光

2018年是1918年西班牙大流感暴发100周年。那次大流感夺去了5000万～1亿人的生命，占当时世界人口的3%～5%。美国史密森国家自然博物馆在2018年5月18日举办了一场新的主题展览，名为"暴发：互联世界中的流行病"（Outbreak: Epidemics in a Connected World），并将持续展览至2021年。该展览以"人类的流行病生态学"为主题，从尼帕病毒到SARS和艾滋病毒，展示了病毒如何从动物传播到人，如何暴发成为流行病，以及不同学科和国家的人们如何共同努力防控这些由病毒所引发的流行病。

人类很难想象由1918年西班牙大流感暴发造成的破坏，但今天，大流行性疾病仍然是对人类健康的最大威胁之一。自1980年以来，已有3400多万人死于艾滋病，而今天仍有3900万人患有这种疾病。还有西非的埃博拉病毒、寨卡病毒和黄热病毒等也让人类付出了惨痛的代价。

"我们的世界比以往任何时候都更紧密地联系在一起，包括全球旅行、贸易、技术，甚至病毒。"美国史密森国家自然博物馆馆长柯克·约翰逊说，"在这种生态环境下探索疾病的大流行风险是我们作为博物馆的使命之一，目的是了解自然世界和人类在其中的位置。"

该展览分为3个部分，第一个部分介绍了人畜共患病的起源。随着动物驯化的兴起，人类与其他动物之间的互动增加了，也发生了变化。今天，所有影响人类的新传染病有3/4起源于动物。

展览的第二个部分介绍了人类在传播动物疫病中的作用。"聚焦展区"着

馆游天下
全球科技馆里那些事儿

眼于栖息地破碎化与多样性丧失、城市化与全球旅行对增加动物疫病出现风险的影响，并强调科学研究和行为变化在降低疾病传播风险方面的作用。

正如该馆的首席策展人塞布丽娜·肖尔茨所言："'聚焦展区'重点展示了人类传染病流行的原因，如土地用途变化、城市化和工业化食品生产，以及其对社区、社会和全球人口所产生的影响等。""人类、动物和环境健康是紧密相连，不可分割的，必须认识到这条'共同的健康纽带'的重要意义。因此研究如何防止如埃博拉病毒、寨卡病毒和流感这样的人畜共患病毒在全世界出现并迅速传播，是21世纪的重要科学课题。"

第三个部分展示了人类是如何处理疫情的。一旦疫情暴发，会有不同身份的人在全球抗击流行病中扮演不同角色、发挥不同作用，从确定疾病病毒的动物来源到开发疫苗和帮助预防下一次流行病的干预措施等。

该展览还提出了"共同健康行动"（The One Health Initiative）。这是一项全球运动，目的在于加强医生、兽医、牙医、护士和其他科学及环境相关学科之间的合作与交流。这个动态战略是建立在对人类健康、动物健康和环境相互关联性的理解之上的。参与这个全球行动的包括美国医学会、美国兽医医学会、美国国家疾病控制与预防中心、美国农业部和其他组织，以及全球数以百计的专业人士。

"我们希望所有国家和地区的人们都能拥有就传染病和健康问题进行有效交流的工具。"肖尔茨说，"我们认为这是提高人们对大流行性疾病风险的认识，让每个人在我们这个互联世界中享有更安全环境的绝佳机会。"

作为世界上参观人数最多的自然博物馆之一，美国史密森国家自然博物馆策划的该展览已在全社会和博物馆业界取得了广泛关注。该馆还提供一个该展览的在线"弹出式"展览模板，弹出框包括翻译和定制的指南、模板等，供全世界公众免费下载、打印和展示。

（作者系中国科学院大学人文学院教授、国际科学素养促进中心研究员）

参观提示
该馆地址：1000 Madison Drive NW Washington，D.C. 20560
该馆网址：https://naturalhistory.si.edu/

美国史密森国家自然博物馆
疫病的起源、传播和防控

蓝 蔚

美国史密森国家自然博物馆现在正在展出的展览"暴发：互联世界中的疫病"（Outbreak: Epidemics in a Connected World）以"传染源—传播途径—感染者"这一传染病传播路径为叙事线索，以实例讲述了由于人类介入自然环境导致致病微生物从野生动物传播到人类中，从而导致国际性疫病暴发引起的多起公共卫生事件，进而阐明人类面对这一挑战是如何进行跨学科、跨地区的多方联合协作防控的。

起源：野生动物和病菌离我们并不遥远，我们正在入侵它们的领地

展览在一开始就提出了健康一体化（One Health）概念，即动物、人类、环境的健康是相互关联的。在疫病暴发后，健康一体化成为一种观察疫病何时、何地、为何暴发，以及应如何阻止其进一步传播的方式。针对此，"我们在健康与疾病方面需要从以人类为中心的视角转变为更关注生态平衡与环境友好……我们不能忽视我们所生存的生态系统的健康而独善其身"。蝙蝠、啮齿类及除人类以外的灵长类动物是最常见的传播病毒的储存宿主（Reservoir host），其中蝙蝠因适应环境类型多样、飞行距离远、寿命长等原因尤甚。在病毒变异与溢出相关科普内容中，展览引导观众以疾病侦探的视角，以"人类—动物—环境"的顺序链条逐步推演分析病毒传播原因，并据此提出阻止病毒传播的对策。以尼帕病毒在孟加拉国的暴发为例，疾病侦探了解到，从人类来看，感染该病毒是因为饮用生椰枣汁或被其他感染者传染；从动物来看，是因为携带病毒的果蝠白天在村庄周围活动，晚上宿栖于椰枣树上进食，其分泌物、排

泄物留在了村民放的椰枣汁收集容器里;从环境来看,是因为农业开垦、工业化、人口增长等导致人类栖息地扩大,侵占了蝙蝠及其他野生动物原有栖息地,导致蝙蝠不得不与人类共同生活并分享食物来源,从而导致病毒溢出到人类群体中。对此,当地政府呼吁居民停止饮用生椰枣汁,村民也在容器上放置覆盖物以防被蝙蝠污染。

传播:全球旅行可以让病毒在24小时内传遍全世界

展览重现了MERS和SARS病毒的疾病全球传播历史,多媒体互动展品上的动画以清晰的时间线直观地反映出SARS病毒通过搭乘国内、国际航班从疫源地飞往全球各地的过程——一次未受控制的疾病就这样暴发成了疫病。展览团队搭建模型,复原了场景,并附上说明牌解释病毒溢出的原因——在野外通常不会相遇的物种,如果被同时关押在密闭环境中,就会造成病毒的跨物种传播与变异。

防控:对疾病暴发的反应须迅速、有效、协同合作

展览强调在SARS疫情控制中,WHO发挥了非常重要的多边协调作用。它让不同国家间的信息共享更便捷,还组织合作网络寻找病毒源头,阻止该病进一步传播,并将其在暴发4个月后消灭。这次防控经验被尼日利亚政府借鉴,并用于埃博拉疫情的防控中。尼日利亚面对疫情,迅速宣布紧急状态、控制外来人员、训练公共卫生人员、追踪联系潜在感染者、进行社区公共卫生教育,最终全国仅有20人受到感染(其中12人存活)。

展览也指出,不同行业的专业人员间的合作对疫病的防控也至关重要。在互动展品"协同合作"中,观众由视频中的讲解员引导,在"人类健康""动物健康""实验室工作"3类任务中扮演不同专业的人员,从各个环节入手共同完成控制"X病毒"暴发蔓延工作。例如,在"人类健康"中,观众可扮演医生,通过诊断病人,识别疾病;可化身传染病学家,跟踪寻找"0号病人"并记录信息;可变成艺术家,通过艺术创作推进公共卫生宣传,从而为阻断疾病传播做出贡献。

展览引导观众以传染病学家的思维方式,以人类与生态系统协同发展的整体观,以全球化的社会发展合作视角,看待并思考人类与疫病的关系。展览名称中的"互联世界"和中心思想"健康一体化"启发我们以更社会化的视角切入"疫病传播"这一曾经被认为只涉及科学理性的议题，为史密森国家自然博物馆向公众普及科学知识提供了新思路。

（作者系中央民族大学民族学与社会学学院博士生）

参观提示

该馆地址：1000 Madison Drive NW Washington，D.C. 20560

该馆网址：https://naturalhistory.si.edu/

美国玛丽安·科什兰科学博物馆
科学是不朽的纪念

马宇罡

问世间情为何物？英国农夫温斯顿·霍维斯种下6000棵摆成"心"形的橡树纪念亡妻，苏东坡写"相顾无言，惟有泪千行。"怀念发妻，而在美国，一位绅士怀念夫人的方式则是建立科学博物馆，让妻子的名字在科学的传播中得以不朽。

2004年建成开放的玛丽安·科什兰科学博物馆位于美国华盛顿特区，隶属于美国国家科学院，是著名生物化学家丹尼尔·科什兰（Daniel Koshland）为纪念故去的妻子玛丽安·科什兰（Marian Koshland）而捐资建立的。玛丽安·科什兰是美国国家科学院院士，著名分子生物学家、免疫学家，不仅在霍乱疫苗和抗体行为研究领域取得了开创性成就，还为科学普及付出了很多心力。该馆通过将前沿科技展览呈现给公众，引导人们通过理解科学来解决日常生活中的问题。与其他科学博物馆不同的是，该馆的展览侧重于展示那些对美国及世界公共政策具有重大影响的核心科学议题，这些核心科学议题以美国国家科学院等科研机构的科学政策报告为基础。

玛丽安·科什兰科学博物馆的常设展览分为三大展厅。第一展厅"地球实验室"探讨的是"全球变暖与人类的未来"，向观众展示基于科学研究的"地球的昨天、今天和明天"；第二展厅"生命实验室"，探讨大脑与学习、食物与健康、生命阶段与衰老的种种问题；第三展厅"思维实验室"，让公众体验科学决策的乐趣。

美国玛丽安·科什兰科学博物馆

科学是不朽的纪念

由于实体馆空间有限，玛丽安·科什兰科学博物馆便在线上做出努力，提供了无须出家门就可以让公众不虚此"行"的体验方式。名为玛丽安·科什兰虚拟科学博物馆的官网，提供线上展览、在线游戏和动手制作资源包，目前可在线体验的包括"传染病：人类健康的挑战""极端事件：抗灾韧性""地球实验室：气候变化""生命实验室""救救我们的饮用水"（有中文版本）等展览和教育项目，体验方式可谓多种多样，包括视频、图文介绍、在线游戏、交互式体验和动手制作资源包等。其中"传染病：人类健康的挑战"和"极端事件：抗灾韧性"这两个线上体验项目，为我国在实体博物馆和科技馆抗击新冠肺炎疫情，而暂时关闭的情况下提供了网络科普的有益借鉴和宝贵经验。

"传染病：人类健康的挑战"展览内容包括传染病的全球分布、追踪新兴疾病、疫苗与人类免疫、抗生素及新出现的耐药性、抗逆转录病毒药物与艾滋病毒的流行、疟疾防控等板块，探讨并展示了威胁人类健康的病菌和疾病是如何演变的、传播者的特性、人类对抗病毒的历史和方法等问题，设计简洁的小游戏、严谨的动画视频、丰富的数据图表及动态展示，都显示出很高的专业水准和科学的严谨性，而高度的互动性让公众的体验充满乐趣。该展览还十分贴心地为教师和学生提供了额外的在线探索模块，尤其是为学校教育者设计的内容十分丰富，与主题相关的教室活动、游戏、虚拟实践、课程模块可供下载，便于组织线下科学活动。由此可见该馆对学术研究和学校教育的重视程度。

"极端事件：抗灾韧性"是一款角色扮演的在线游戏，其内容主要源自美国的一份研究报告《抗灾韧性：国家使命》，参与者通过自由组队，在地震、飓风和洪水3种模拟灾害中任选其一，通过运用游戏提供的各种"资源"，进行模拟决策、快速救灾。游戏有逼真的音效和视觉特效，为参与者营造出沉浸式体验，尤其让青少年着迷。

玛丽安·科什兰科学博物馆，以其对科学研究、公共政策的高度关注和对科技造福人类生活的现实关怀，成为一家兼具高度专业性与趣味性的科普场馆，尤其是其线上项目，为公众提供了实时互动与独立思考的融合体验，有利于激

馆游天下
全球科技馆里那些事儿

发人们科学探索的兴趣和对科技推动社会进步的信心。

因爱而生,播撒科学的种子,为人类社会可持续发展着想,玛丽安·科什兰科学博物馆注定将在爱和科学中得以延续。

(作者系中国科学技术馆科研管理部副主任)

参观提示
该馆地址:National Academy of Sciences,2101 Constitution Avenue,NW,Washington,DC 20418
该馆网址:https://labx.org/

美国纽约市博物馆
纵览"细菌之城"

苑 楠

微生物与人类关系密切、长期共存，对人类社会发展产生了深远的影响，不过最令人类头疼的就是它们会导致传染病的传播。据统计，在人类疾病中有50%是由微生物之一的病毒引起的。随着人类文明的进步，特别是对于大城市，微生物的影响绝对不容忽视。2018年，纽约市博物馆以该市历史上暴发过的传染病为主题，举办了"细菌之城：微生物与大都市（Germ City: Microbes and the Metropolis）"展览。

该展览聚焦西非埃博拉出血热、黄热病、霍乱、1918年西班牙大流感、伤寒、结核病、艾滋病等传染病，介绍传染病对纽约及其居民在政治、经济、文化和社会生活产生等方面的影响。它借鉴了惠康典藏博物馆的展陈方式，将画廊和图书馆融合在一起，集科学、艺术、休闲于一体，把"枯燥深奥"的领域变成有温度的交流空间。

当人们走到黄热病展区时，墙上挂着一张展示纽约市卫生部门和社区分布的地图。该部门于1793年成立，目的是希望阻止黄热病传染至纽约。但由于工作不力，只是对受感染的船只隔离，没有采取其他措施，导致黄热病席卷了整个纽约。展览中，这幅图只是让观众产生好奇，切入主题的一个视角。如果想进一步了解这段历史，观众可以在旁边图书展架上找到与黄热病相关的图书，通过延伸阅读，更深层次体会展览主题。展览现场，常常可以看到有观众或依偎在楼梯旁或在木榻上翻阅书籍，凝神思考。

馆游天下
全球科技馆里那些事儿

穿过走廊，观众就来到霍乱展区，迎面可看到一幅医疗室的图片。这是纽约第一次暴发霍乱时，收治患者的医疗点。一直无所作为的纽约卫生部门，开始有意识地寻找应对措施。为较贫困地区的病患临时开设一些医疗点来收治。通过展区中的展板文字，观众还可以详细了解霍乱的起因和防疫：据资料记载，霍乱的起因是一块婴儿的脏尿布。经过此次事件，纽约卫生部门开始对城市环境加以重视，政府通过修建水道等方式，预防霍乱再次暴发，医务人员也尝试为居民推荐了几种实用的预防措施，如及时清洗脏衣被、勤洗手和将水烧开饮用等，效果良好。更令人欣喜的是，还能在此区域中欣赏到艺术家专为展览创作的霍乱主题艺术品，触发科学之外的不同体验。同时，该展览鼓励观众亲自动手去查阅资料，通过附近的计算机搜索更多资讯，当场释疑解惑。

"细菌之城：微生物与大都市"展览揭示了微生物导致传染病的暴发，对城市医疗、规划、政府系统产生的深远影响。它警示这些部门要高度重视传染病防控工作，并促使他们不断改进工作方式，提升工作能力。整个展览也是该博物馆从展示收藏向观众参与转变的尝试。通过将藏品和精心挑选的图书、专门制作的当代艺术品相结合的方式，使观众感受到人类在对抗传染病中，从无知、恐慌，走向沉着、科学的艰辛历程。

（作者系中国科学技术馆科研管理部高级工程师）

参观提示

该馆地址：1220 Fifth Ave at 103rd St.，New York
该馆电话：001-212-5341672
该馆网址：https://www.mcny.org/

美国普林斯顿大学艺术博物馆
艺术视角看瘟疫

高梦玮

在人类发展史上，悲惨的瘟疫灾难是人类无法逃避和忽视的伤痛记忆。几个世纪以来，艺术家们一直通过自己的方式描绘健康与疾病，帮助我们加深对治愈和死亡的理解。

为了展示疾病对人类社会的冲击，2019年11月2日至2020年2月2日，普林斯顿大学艺术博物馆推出了展览——"健康状态：视觉之下的疾病与治愈"。该展览展出了80多件来自世界各地的艺术作品，从古代到现在，包括绘画、素描、印刷品、雕塑、照片和多媒体等多种形式，共同阐明了艺术在塑造我们对疾病和治愈的感知和体验方面所扮演的角色。

展览分为4个主题："面对传染""精神状态""护理世界""生育叙述"。整个展览以带有挑衅性的跨文化比较视角，不仅展开了广泛探讨，还涉及特定历史事件，如黑死病和艾滋病危机等。这些精选的艺术作品以文献、隐喻、幻想、抗议、祈祷和证言等多种形式，审视了流行病和传染病带来的社会焦虑，对精神疾病做出反应，展示了与分娩相关的希望和危险，并探讨了护理的复杂性。

在"面对传染"主题中，两个主要的关注点是黑死病和艾滋病，也涉及梅毒、霍乱、伤寒等其他疾病。意大利艺术家卡罗·科波拉的油画作品——《1656年的瘟疫》，记录了那不勒斯瘟疫暴发时的场景。荒野上堆积如山的尸体，人们只能将尸体草草包裹拖出去掩埋，对瘟疫一无所知的婴儿还试图从死去的母亲的乳房中吮吸乳汁。充满死亡气息的场景中，我们仿佛能感受到那种绝望和痛心。展览用震撼人心的作品讲述个人与疾病的故事，传达在疾病控制下的强烈情绪。

石版套麻胶版画《新兴传染病》则以极富视觉冲击力的画面描绘传染病面前生死转换的悲戚瞬间。患有艾滋病和丙型肝炎的病人不得不共处一室,没有任何隔离措施,丙型肝炎病人面色发黄,似乎有什么不适。他们旁边就是被简单包裹的尸体,亲属跪在旁边,悲伤的情绪溢于言表。然而具有讽刺意味的是,虽然墙上张贴了空气传播的预防措施(戴口罩),然而在肺结核病区,病人咳嗽时口中喷出的飞沫肆无忌惮地传播,毫无任何防护措施的健康人却不以为意。在传染病面前,生与死的距离并不遥远,这种疫病带来的痛苦和人们的轻视形成了巨大的反差,发人深省。

随着医学人文学科在学术领域的不断发展,博物馆与普林斯顿大学的不同学科和项目合作,传染病、文学、医学、心理学和创意写作等领域的专家也以墙上短文的形式参与进来,与展览中这80多件从古至今的艺术作品相呼应,为公众理解展览提供了不同的角度和入口。

此次展览还推出了一系列丰富多彩的公共项目,来进一步探讨艺术家应对疾病,以及探索护理复杂性的方式。以展览主题为依托,来自不同学科的教师和实践艺术家将通过研讨会的方式讨论如何处理疾病的艺术作品;策展人维罗妮卡·怀特的讲座阐述了艺术在塑造我们对疾病与康复的认知和体验中所扮演的角色;普林斯顿室内音乐协会举办了一场音乐会,探索音乐与医学的多方面交叉,从对18世纪外科手术的音乐模仿,到临床音乐治疗中使用的当代作品,不一而足;此外还开展了艺术社区活动,纪念世界艾滋病日30周年。

艺术家是时代的记录者,是社会的反思者,他们提供了在宏大叙事中的不同见解。记住创伤是为了避免历史重演,从艺术的视角看瘟疫,我们不仅感受到曾经瘟疫笼罩下的恐怖气氛中那穿越时间与空间的不寒而栗,还在这些弥漫着哀伤气息的艺术作品中直面痛苦,深刻反思,从而尽快走出灾难的阴影。

(作者系中国科学技术馆展览教育中心讲师)

参观提示

该馆地址:Princeton,NJ 08544
该馆电话:001-609-2583788
该馆网址:https://artmuseum.princeton.edu

美国国家疾病控制与预防中心博物馆
防控疾病的教育营地

邵 航

美国国家疾病控制与预防中心（Centers for Disease Control and Prevention，CDC）位于佐治亚州亚特兰大，是美国卫生及公共服务部所属的一个机构，其工作重点是在面临特定疾病时协调全国的卫生控制计划，检测和应对新出现的健康威胁，解决造成美国人死亡和残疾的最大健康问题，将科学和先进技术付诸行动，预防疾病，促进健康和安全的行为、社区及环境。

有感于公共卫生事业需要全社会的关注与努力，1996年，CDC在成立50周年之际，创建了美国国家疾病控制与预防中心博物馆。2011年，为纪念CDC任职时间最长中心主任大卫·J.森瑟（David J. Sencer），该馆决定以他的名字命名，所以现在该馆的英文名为 David J. Sencer CDC Museum。

美国国家疾病控制与预防中心博物馆致力于向公众宣传基于预防的公共卫生事业的价值，并着重面向中学生进行流行病学和公共卫生科学教育，鼓励年轻人致力于公共卫生领域工作。该馆的常设展览展示了CDC的历史，并通过大型多媒体展项"全球交响乐"来呈现CDC在世界疾病预防与控制中所发挥的作用。除常设展览外，它每年还会推出4个与CDC日常工作相关的专题展览。

值得注意的是，美国国家疾病控制与预防中心博物馆于2020年5月推出"流感：复杂的病毒/复杂的历史"专题展览。该展览在调查20世纪和21世纪史料的基础上，通过可视化的展品、人工制品和多媒体等展示了流感病毒对全球社会的影响，以及CDC及其全球合作伙伴在预防和控制流感过程中所做的工作。该展览从1918年西班牙大流感开始，全面回顾了20—21世纪所发生的流

馆游天下
全球科技馆里那些事儿

感大流行事件，展现了人类在此期间与流感病毒所做的斗争，包括建立全球流感监测系统、疫苗开发、病毒研究、疫情预警与预防等，而这些也正是CDC自1946年成立以来一直在做的工作。最后，该展览将探讨流感是如何影响公众的文化记忆的。观众参观后，将对流感的形成、科学的进步、应对措施的完善、流感对全球文化形成的影响形成丰富的理解和认识。

除实体场馆的展览外，美国国家疾病控制与预防中心博物馆还开发了一个适合儿童的巡回展览，通过65幅水彩画，以一个部落中智者的老鹰形象向孩子们传授健康的生活方式。自2006年以来，该展览已在美国十几个州巡回展出，深受观众欢迎。

配合展览，美国国家疾病控制与预防中心博物馆还开发了系列教育活动。以"疾病侦探营"跨学科教育项目为例，该项目面向16岁以上的高中生，学生在线申请后，可于暑假在CDC总部参加公共卫生相关学科的项目式学习，每年的主题都会有所变化，包括公共卫生干预、疫情、数据分析、学校健康计划、紧急备灾、科学通信、实验室技术、流行病学等。

2020年的"疾病侦探营"有两期5天营和四期2天营，两期5天营招收30名学生，四期2天营招收24名学生。夏令营的营员招募竞争十分激烈，每年都会有几百名学生提出申请，2019年超过了600人。短短几天的夏令营，对学生们来说是一段特别难忘的经历。工作人员尽可能将有新闻热度的话题纳入夏令营活动中，创设出不同情景，包括模拟疫情、新闻发布会、环境与全球卫生活动、实验室会议、慢性病监测、公共卫生法等，营员们不但有机会和疾控中心的工作人员一起工作，讨论研究和解决方案，而且能够聆听世界著名疾病预防控制的科学家讲座。

疾病和疫情是暂时的，但是疾病预防却是一项长期的工作。美国国家疾病控制与预防中心博物馆在此方面为全球博物馆提供了借鉴。

（作者系中国科学技术馆展览教育中心助理研究员）

参观提示
该馆地址：1600 Clifton Road NE，Atlanta，GA 30329
该馆电话：001-404-6390830
该馆网址：https://www.cdc.gov/museum/

世界艾滋病博物馆暨教育中心
消弭歧视，纠正偏见

刘 怡

艾滋病，又称获得性免疫缺陷综合征（AIDS），是一种危害性极大的传染病。它由感染艾滋病病毒（HIV）引起，这种病毒会大量攻击人体免疫系统，导致免疫功能丧失，由此容易感染各种疾病并引发恶性肿瘤。目前尚无可根治艾滋病的特效药或可用于预防的有效疫苗，病死率较高，因此很多人"谈艾色变"。

为了消除社会广泛存在的对艾滋病病人和病毒感染者的误解与歧视，宣传普及防治艾滋病的科学知识，美国在佛罗里达州南部劳德代尔堡的威尔顿庄园内建立了世界上第一座实体艾滋病博物馆——世界艾滋病博物馆暨教育中心。选择建在佛罗里达州南部是因为这里是美国艾滋病危机的中心，这里的迈阿密-戴德县和布劳沃德县是全美艾滋病感染率很高的县。而该馆从馆长史蒂夫·斯塔贡到普通工作人员，都是艾滋病病人或病毒感染者。

该馆于2014年5月15日起面向公众开放，包括1个主展厅、2个艺术展厅和1个图书馆。该馆的展览基本都紧扣艾滋病主题，例如，"艾滋病编年史""艾滋病的色彩"等展览，它们在普及艾滋病相关知识的同时，也极具艺术性和人情味。其中值得一提的是"迈克尔·大卫·斯洛茨基纪念邮票收藏展"。一位名叫迈伦·斯洛茨基（Myron Slotsky）的父亲和儿子迈克尔·大卫·斯洛茨基（Michael David Slotsky）感情深厚，还有着共同的爱好——集邮。然而儿子迈克尔不幸于1993年9月19日因艾滋病并发症去世，年仅29岁。迈伦在悲痛之余，为纪念儿子，继续集邮并关注与艾滋病相关的活动，创建了一个独特的集邮展

并捐赠给该馆永久保存。邮票内容几乎涵盖了过去35年中有关HIV/AIDS的每个主题，以及在世界艾滋病日来自全球各地的盖章纪念封。

在教育活动方面，该馆正在开展一项非常有特色的"HIV/AIDS口述史"项目，征集艾滋病病毒感染者或艾滋病病人来馆参加拍摄，鼓励他们坦诚地面对镜头，讲述自己的故事。他们还深入社区和学校开展HIV科普教育，如在Broward公立学校向学生普及艾滋病毒和性传播感染方面的知识并进行预防教育。其为学生设计的教育项目——"在Ctrl中：有教养的选择"则希望赋予年轻人做出有教养的生活选择的权利，通过播放视频和互动的方式，回答学生问题并纠正其对艾滋病的恐惧和偏见。

在该馆的官网主页上，馆长史蒂夫·斯塔贡深情地写道："多年来，我对自己的医疗诊断结果感到困惑，发现艾滋病毒呈阳性的污名实际上比疾病本身更糟。博物馆使我体验到更大的个人力量，我想分享我的故事。我们的使命是通过记录历史，记住那些遭受痛苦的人，教育人们有关疾病的知识，启发世界去了解这一持续的悲剧，并赋予人们权力，提高对艾滋病毒和艾滋病的认识，以消除其污名。"这段温暖的文字蕴含着对全世界消弭偏见和歧视的希望，给广大艾滋病病人和感染者带来了鼓励和关爱，体现了世界艾滋病博物馆暨教育中心选取艾滋病这个敏感议题的"首创"意义和社会价值。

（作者系中国科学技术馆科研管理部助理研究员）

参观提示

该馆地址：1350 E Sunrise Blvd., Fort Lauderdale, FL 33304 United States
该馆电话：001-954-3900550
该馆网址：https://worldaidsmuseum.org/

大洋洲

澳大利亚人类疾病博物馆
架起公众理解疾病的桥梁

辛尤隆

"只需看看展品,就能了解死者生前是否曾吸烟或肥胖。无论是对普通大众还是对病理学家或医生来说,了解这些疾病的最好方法就是亲眼看到它们。"澳大利亚人类疾病博物馆原馆长罗伯特·兰斯当在博物馆正式对公众开放时如是说。

澳大利亚人类疾病博物馆是在1959年由新南威尔士大学资助创建的,是一所建在大学中的博物馆,初衷是给新南威尔士大学医学院的学生直观地观察患病的人体器官标本并提供教学服务。2009年4月,该馆成为澳大利亚唯一一家对所有公众开放的医学病理博物馆,他们的口号是"了解你的敌人"。因此"架起公众理解疾病的桥梁"成为澳大利亚人类疾病博物馆的使命。他们通过展示疾病标本、线下开展教育活动、线上在社交网络平台与公众互动,让公众认识疾病,直面疾病,从而产生足够的警醒。

该馆藏有2500多件病变的人体组织标本,展示了数百种疾病及其并发症,展品包括吸烟者黑色的肺、肿大的甲状腺、鸡蛋大小的乳腺癌肿块、因患关节炎而畸形的膝盖、生了坏疽的脚等。这些展品大多有60～70年历史,但置身其中仍感震撼。学校可以将这些展品生动地与课堂结合,开展教育活动。针对高中的需求,该馆与新南威尔士大学的学者和病理学家共同设计了一个短期课程。在半天的时间里,让学生们通过小组讨论、观察标本、写出报告等方式,真正将课堂知识与实践结合,给他们留下印象极为深刻的一课。

线下教育活动是理解疾病的有效互动方式,而线上活动也能发挥类似作用。现代博物馆的目标之一就是成为专业科学信息的整合者和转换者,这一点在关

澳大利亚人类疾病博物馆
架起公众理解疾病的桥梁

于传染性疾病知识的科学传播方面体现得尤为明显。两百年来，登革热病毒在包括印度尼西亚、澳大利亚等多个国家广泛肆虐，因此WHO收集了世界各地的登革热数据情况、案例、推荐防疫措施、治疗措施等。虽然WHO网站的内容丰富，但过于专业。于是，澳大利亚人类疾病博物馆整合转换WHO的信息，制作有关登革热传染、预防和治疗的海报，简单明晰地定义了登革热病毒及其传播途径、展示了澳大利亚本地的数据和可借鉴的防疫措施等，文字图表简单易懂，在帮助公众理解登革热病毒方面发挥了不小作用。

除了专题内容，澳大利亚人类疾病博物馆也将展品放在网络上，并与公众互动。他们将有比例尺的展馆疾病标本高清图像上传至Instagram平台。公众看到图片的同时，还能在评论中回答馆方对展品的提问，如"请你来诊断，这是什么疾病的标本？""让我们以一些线索作为探索的开始"，馆方稍后也会公布答案。这种互动激发了公众对展品的兴趣，并对疾病进行更深入的思考和探索。该馆的每一条信息都有不少公众参与评论，足以说明利用社交媒体账号与公众进行对话和探讨，是科学传播的有效方式之一。

除了在网上发布展览、展品图片与信息外，澳大利亚人类疾病博物馆还会发布一些馆内工作人员的幕后工作"花絮"，如他们在社交网络平台Facebook发布的内容包括送别现任博物馆馆长的信息和照片、VR活动后台准备人员的照片等，这些照片将博物馆更加鲜活得呈现在公众面前，让"高冷"的博物馆多了"人情味"和"烟火气"，增进了公众对它的了解。

澳大利亚人类疾病博物馆作为一个小而美的医学专业类博物馆，除了实体馆震撼展出的疾病标本和与课堂结合的教育活动外，在网站和各类社交网络平台上也架起了科学与公众之间对话的桥梁，值得我们细细品味。

（作者系中国科学技术馆展览教育中心讲师）

参观提示

该馆地址：Ground Floor, Samuels Building, UNSW, Sydney New South Wales 2052
该馆电话：0061-2-90650330
该馆网址：https://www.diseasemuseum.med.unsw.edu.au/

后记 AFTERWORD

2019年，中国科学技术馆与《科普时报》社合作开设"馆窥天下"专栏，面向社会公众传播世界各地科普场馆的展览特色和亮点动态。3年来，来自科普场馆、科普企业、高等院校、科研院所的作者们为专栏贡献了近百篇文章，内容涉及亚洲、欧洲、北美洲、南美洲、大洋洲的77家场馆。需要说明的是，本书中各洲及各国场馆的出现顺序参照了我国外交部对国家（地区）的排序，而由于中国人谦逊有礼、热情好客的民族性格，编者将中国的场馆排在亚洲所有国家之后。本书结集出版，首先要向每篇文章的作者表示感谢，没有他们，就没有专栏的发展与延续。

除了作者，还要感谢专栏的策划人——时任中国科学技术馆党委书记、副馆长苏青及时任《科普时报》总编辑尹传红二位先生。没有他们的关心与帮助，就没有专栏的诞生；感谢《科普时报》"教育·智慧"版的编辑李苹老师，她对待工作专业又细致，每次都能与她顺畅而高效地对接专栏文章的刊发事宜；最后要感谢我们自己——专栏编辑团队，这个小小的团队中，专栏初创时期的主持人——时任中国科学技术馆科研管理部主任、现任展览教育中心主任齐欣，与现专栏主持人科研管理部主任赵洋，接续负责专栏统筹、定向约稿及稿件终审工作；刘巍负责专栏征稿、来稿初审、编辑加工、样报校对、报社对接、作者联系等工作；马宇罡负责稿件二审、团队资源协调等工作。我们希望依托专栏这个平台，更好地服务科普场馆业界各位同仁的交流之需，服务社会公众对科普场馆的了解之需。

结集出版既是对过去成绩的总结，也是对将来努力方向的提示，细心的读者会发现本书没有出现关于非洲科普场馆的文章，原因在于"馆窥天下"专栏

后 记

还没有收到这方面的投稿,这将是专栏今后工作的重点之一;在关注场馆的类型方面,专栏也会进一步扩展,增加对各种特色及专题科普场馆,如动物园、水族馆、科学名人故居、与科学相关的各类遗址、国家公园等的介绍与分析。

"馆窥天下"专栏将继续和读者们一起于方寸间阅天下馆,希望能得到旧友新朋的持续关注与支持。

"馆窥天下"专栏编辑团队

2022 年 4 月 25 日